Inhaltsverzeichnis

Daten

Die natürlichen Zahlen

Grundbegriffe der Geometrie

Natürliche Zahlen addieren und subtrahieren

Größen

Natürliche Zahlen multiplizieren und dividieren

Flächen

Rationale Zahlen

Tests

Dieses Heft gehört: | Klasse:

Daten vergleichen

▶ Grundwissen

Das Minimum ist der kleinste Wert einer Datenreihe.

Das Maximum ist der größte Wert einer Datenreihe.

Die Spannweite gibt den Unterschied zwischen Minimum und Maximum an.

Beispiel:

Anzahl der Treffer: 4, 5, 7, 3, 3, 4, 7, 10, 3

geordnete Liste: 3, 3, 3, 4, 4, 5, 7, 7, 10

Spannweite: 10 – 3 = 7

Trainieren

1 Unterstreiche in der Datenreihe das Minimum blau.

Starthilfe Wähle den kleinsten Wert aus.

a) 6 €; 8 €; 20 €
b) 18 cm; 17 cm; 27 cm; 29 cm
c) 5:30 Uhr; 1:20 Uhr; 12:03 Uhr
d) 7; 11; 1; 9
e) 50; 30; 15; 35; 40
f) 9; 6; 21; 8; 5; 8; 11; 13
g) 7 ct; 25 ct; 15 ct; 2 ct
h) 10 min; 2 min; 5 min; 3 min
i) 95 m; 100 m; 90 m; 110 m
j) 3 kg; 5 kg; 2 kg; 4 kg; 3 kg
k) 1 h; 12 h; 3 h; 1 h; 0 h
l) 1,50 €; 5,00 €; 0,15 €; 0,51 €

2 Unterstreiche in der Datenreihe das Maximum rot.

Starthilfe Wähle den größten Wert aus.

a) 6 €; 8 €; 20 €
b) 18 cm; 17 cm; 27 cm; 29 cm
c) 5:30 Uhr; 1:20 Uhr; 12:03 Uhr
d) 7; 11; 1; 9
e) 50; 30; 15; 35; 40
f) 9; 6; 21; 8; 5; 8; 11; 13
g) 7 ct; 25 ct; 15 ct; 2 ct
h) 10 min; 2 min; 5 min; 3 min
i) 95 m; 100 m; 90 m; 110 m
j) 3 kg; 5 kg; 2 kg; 4 kg; 3 kg
k) 1 h; 12 h; 3 h; 1 h; 0 h
l) 1,50 €; 5,00 €; 0,15 €; 0,51 €

3 Bestimme die Spannweite der Daten in der Datenreihe.

Starthilfe Maximum – Minimum = Spannweite

a) 14; 16; 10; 19; 16
Spannweite: 19 – ______

b) 2; 4; 10; 11; 15; 21
Spannweite: ______

c) 0; 1; 1; 4; 5; 8; 13; 14; 14
Spannweite: ______

d) 3; 2; 5; 1; 5; 6; 1
Spannweite: ______

e) 10 €; 6 €; 6 €; 8 €; 7 €
Spannweite: ______

f) 9 m; 8 m; 3 m; 2 m; 4 m
Spannweite: ______

4 Ergänze die fehlenden Werte anhand der Tabelle.

Starthilfe Berücksichtige nur die Werte in der jeweiligen Tabellenzeile.

	Jan.	Feb.	Mär.	Apr.	Mai	Jun.	Jul.	Aug.	Sep.	Okt.	Nov.	Dez.
Tagestemperaturen in °C	3	6	9	12	19	24	28	26	22	16	10	4
Sonnenstunden pro Tag	2	2	4	6	8	7	8	6	5	4	2	1
Niederschlagstage pro Monat	10	12	13	14	9	8	14	16	9	12	13	10

a) Tagestemperaturen in °C — Minimum: ____ Maximum: ____ Spannweite: ______

b) Sonnenstunden pro Tag — Minimum: ____ Maximum: ____ Spannweite: ______

c) Niederschlagstage pro Monat — Minimum: ____ Maximum: ____ Spannweite: ______

5 In drei Geschäften werden Jacken zu verschiedenen Preisen angeboten.

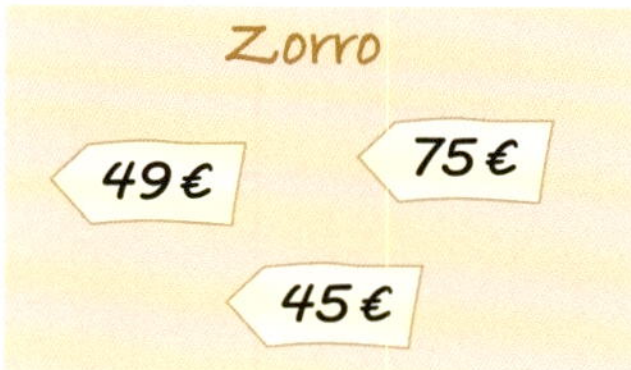

a) Ordne zunächst die Preise jedes Geschäfts. Ordne dann auch die Preise aller Geschäfte.

Starthilfe Finde den kleinsten und den größten Wert, dann den dazwischen.

Zorro: ____________ Maxx: ____________ Marleen: ____________

alle drei Geschäfte: ________________________________

b) Ergänze die fehlenden Werte für jedes Geschäft und dann für alle Geschäfte.

Starthilfe Die Lösungen in a) helfen weiter.

Zorro	Minimum: ____	Maximum: ____	Spannweite: ________
Maxx	Minimum: ____	Maximum: ____	Spannweite: ________
Marleen	Minimum: ____	Maximum: ____	Spannweite: ________
alle drei Geschäfte	Minimum: ____	Maximum: ____	Spannweite: ________

Anwenden und Vernetzen

6 Vier Freunde haben nacheinander mit zwei Würfeln gewürfelt. Die Augenzahlen haben sie addiert.

Nach acht Runden wurde ausgewertet.

Leon	6; 2; 12; 11; 3; 5; 11; 9
Hasan	10; 12; 3; 12; 8; 7; 11; 6

Iva	7; 8; 11; 10; 10; 4; 9; 5
Jenny	5; 10; 4; 5; 11; 9; 7; 6

a) Sortiere zunächst die Ergebnisse jedes Einzelnen. Bestimme dann jeweils den kleinsten und den größten Wert und deren Unterschied.

Starthilfe Hier geht es um Minimum, Maximum und Spannweite.

Leon: ________________________________

Iva: ________________________________

Hasan: ________________________________

Jenny: ________________________________

b) Ermittle den Sieger nach Punkten. Gib auch die weiteren Platzierungen an.

Starthilfe Rechne die Punkte jeweils zusammen.

____

____

c) Färbe Zusammengehörendes mit der gleichen Farbe ein.

Starthilfe Du benötigst drei verschiedene Farben.

Leon	Der Unterschied zwischen dem kleinsten und dem größten Ergebnis beträgt 9.	Maximum	Minimum

Das kleinste gewürfelte Ergebnis war die 2.	Hasan	Jenny	Spannweite	11 war das höchste gewürfelte Ergebnis.

Daten in Diagrammen darstellen

▶ Grundwissen

Daten können unterschiedlich dargestellt werden, zum Beispiel mit Texten, Listen, Tabellen, Diagrammen, …

Beispiel: Haustiere der Kinder in der Klasse 5 a

Strichliste:

Tiere	Anzahl
Hunde	|||
Katzen	卌 ||
Vögel	||
Hamster	卌 |

Säulendiagramm:

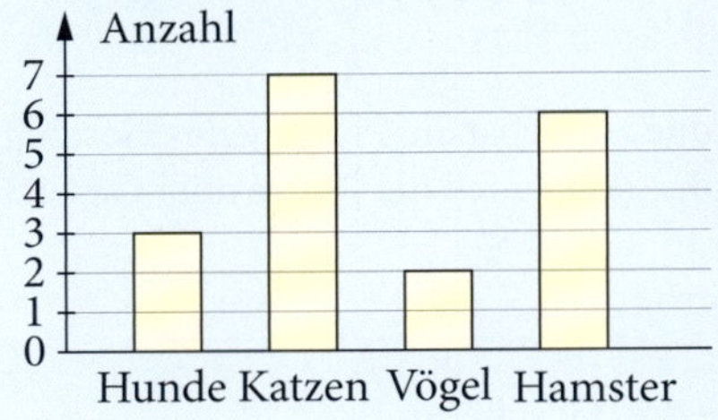

Trainieren

1 Lies aus dem Diagramm die fehlenden Werte für die Tabelle ab und trage ein.

Starthilfe

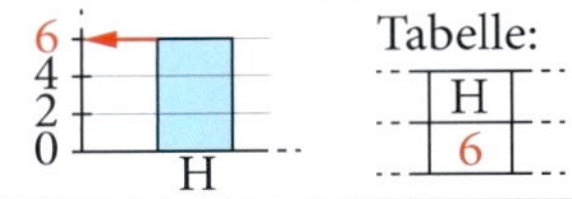

a)

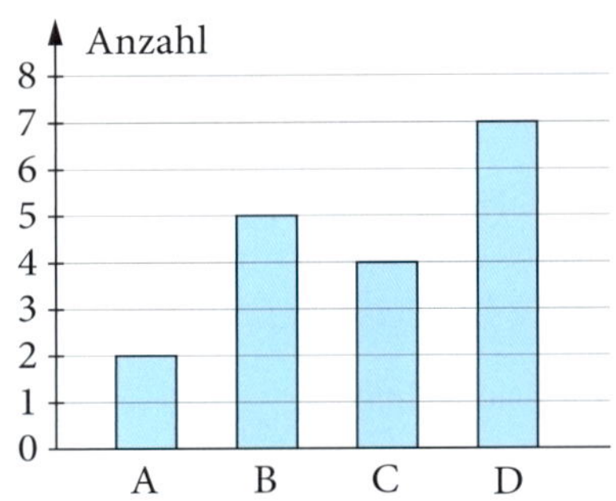

Buchstabe	A	B	C	D
Anzahl				

b)

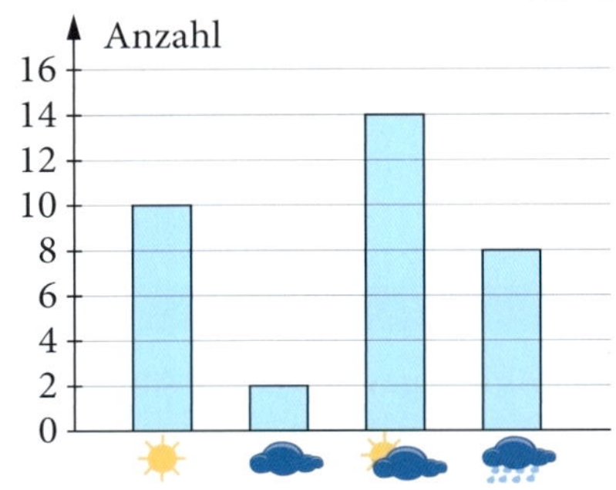

Wetter	☀	☁	🌥	🌧
Anzahl				

c)

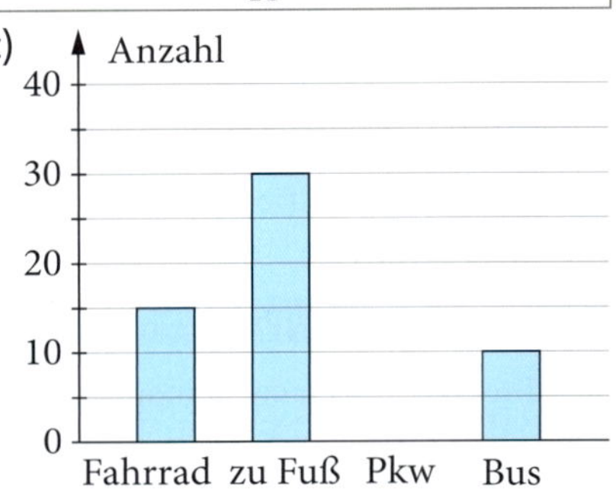

Verkehrsmittel	Fahrrad	zu Fuß	Pkw	Bus
Anzahl				

2 Stelle die in der Tabelle gegebenen Werte in dem Diagramm rechts dar.

Starthilfe
1. Wert auf der Skala finden
2. Säule genauso hoch zeichnen

a) Lieblingsfarbe

Farbe	Anzahl
Rot	5
Grün	2
Blau	3
andere Farbe	4

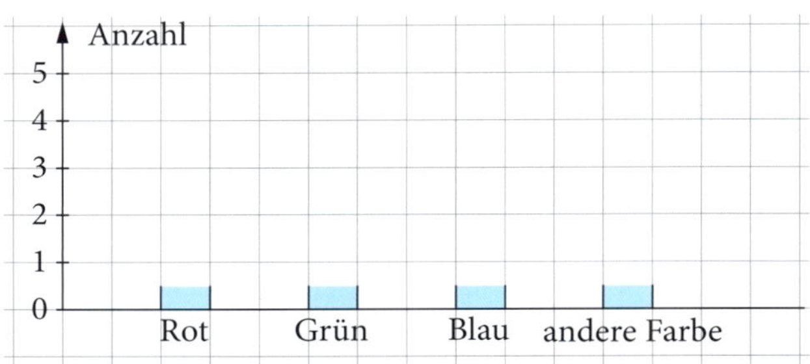

b) Klassensprecherwahl in der Klasse 5 a

Name	Anzahl
Moritz	4
Jana	6
Cem	10
Karoline	8
Felix	2

3 Die Tabelle gibt die Anzahlen der Kinder aus den verschiedenen Wohnorten an.

Wohnort	Anzahl der Kinder
A-Dorf	𝍸
B-Dorf	𝍸 𝍸 𝍷𝍷
C-Dorf	𝍸 𝍷𝍷𝍷𝍷
D-Dorf	𝍷𝍷𝍷𝍷

a) Bestimme Minimum, Maximum und Spannweite aus der Tabelle.

b) Wie teilst du die Achse für die Anzahl ein? Stelle die Werte der Tabelle in dem Diagramm dar.

Starthilfe Das Maximum aus a) hilft bei der Einteilung der Achse für die Anzahl.

Anwenden und Vernetzen

4 In einem Park wurde der Baumbestand ermittelt. Das Ergebnis ist im Diagramm rechts dargestellt.

a) Ergänze die Anzahlen der Bäume.

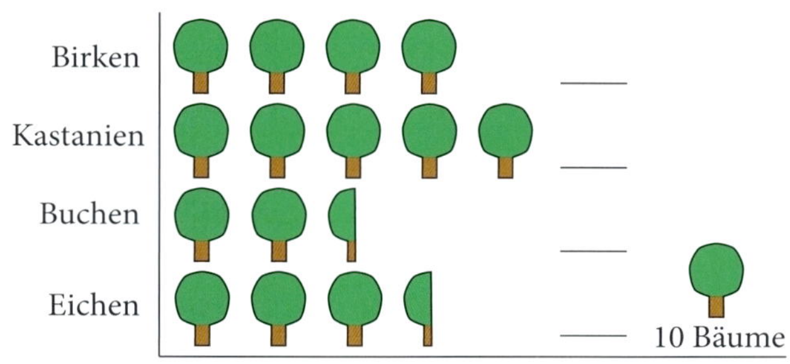

b) Dennis behauptet: „Ich kann direkt aus dem Diagramm ablesen, dass es doppelt so viele Kastanien wie Buchen gibt.“ Erkläre das.

c) Zeichne rechts ein Balkendiagramm. Wie kann die Behauptung von Dennis aus b) hier erkannt werden?

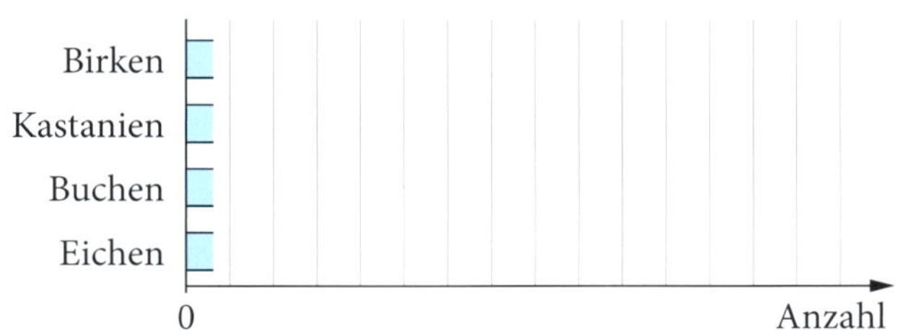

d) Von welcher Baumart gibt es die meisten Bäume? Wie kann das im Balkendiagramm in c) erkannt werden?

e) Wie viele Bäume hat der Park insgesamt? Welcher Baumbestand liegt vor, wenn im Folgejahr vier kranke Birken und acht kranke Eichen gefällt werden müssen?

Natürliche Zahlen ordnen und vergleichen

▶ Grundwissen

Die Menge der natürlichen Zahlen wird mit ℕ bezeichnet. ℕ = {0, 1, 2, 3, 4, 5, …}

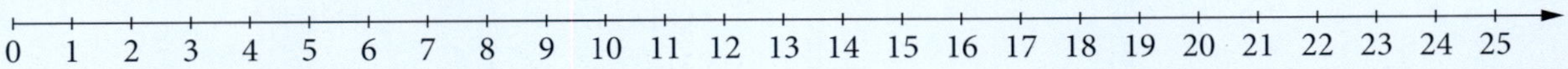

- Die kleinste natürliche Zahl ist 0 (null).
- Alle natürlichen Zahlen außer 0 haben einen Vorgänger.
- Alle natürlichen Zahlen haben einen Nachfolger.
- Die kleinere Zahl steht am Zahlenstrahl immer links von der größeren Zahl.

Trainieren

1 Ergänze die fehlenden Hausnummern.

Starthilfe Zähle vorwärts und rückwärts.

a) Dorfstraße

b) Hauptstraße

c) Königsallee

2 Vervollständige die Tabelle.

Starthilfe Vorgänger: −1; Nachfolger: +1

a)

Vorgänger	Zahl	Nachfolger
	3	
14		
		2
19		

b)

Vorgänger	Zahl	Nachfolger
	29	
85		
		101
	141	

3 Ergänze die passenden Zahlen an den markierten Stellen.

Starthilfe Bis zum nächsten Teilstrich ist es eine Zahl/ sind es … Zahlen.

a)

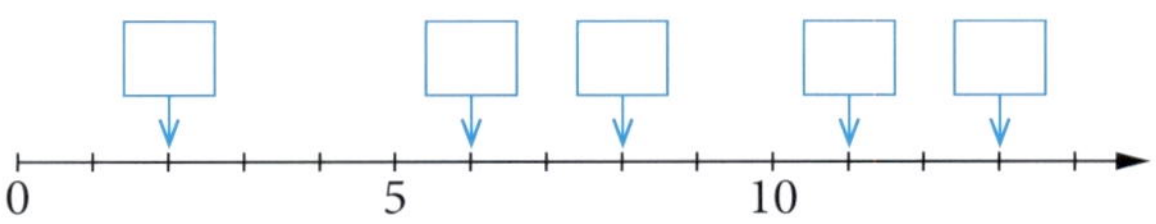

b)

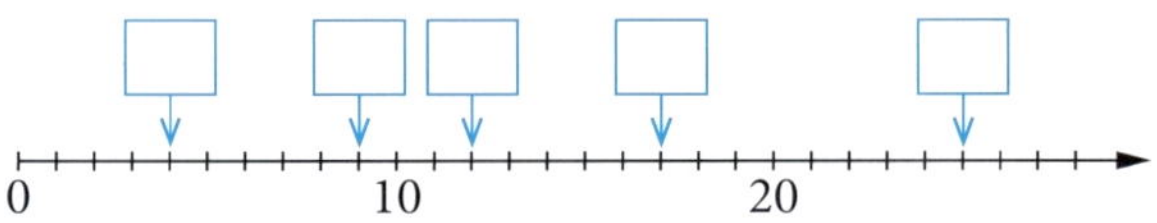

c)

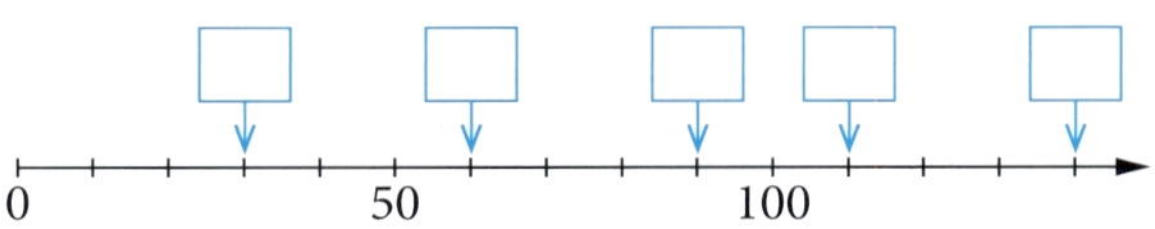

d)

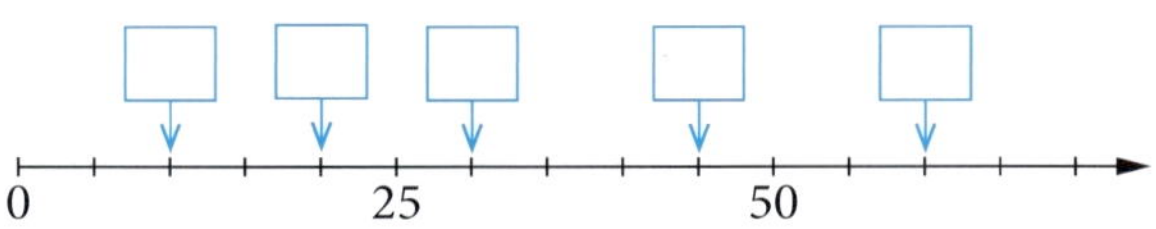

e)

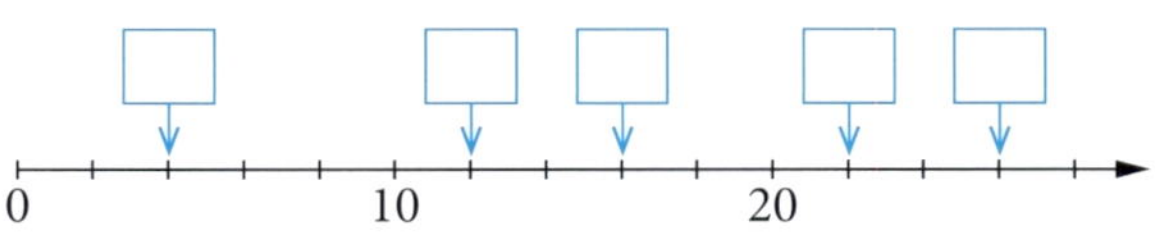

f)

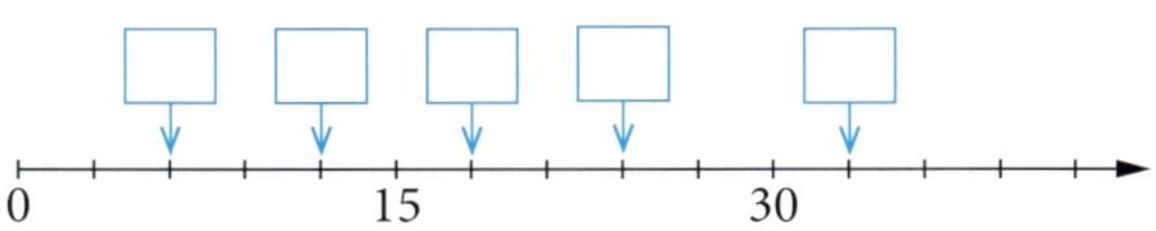

4 Vergleiche die beiden Zahlen.
Schreibe das passende Zeichen dazwischen (<, >, oder =).

Starthilfe 1 < 5 („1 ist kleiner als 5.")
8 > 2 („8 ist größer als 2.")

a) 5 ☐ 6 **b)** 10 ☐ 9 **c)** 17 ☐ 17 **d)** 1 ☐ 0
e) 19 ☐ 12 **f)** 15 ☐ 55 **g)** 92 ☐ 99 **h)** 101 ☐ 101
i) 104 ☐ 144 **j)** 351 ☐ 355 **k)** 95 613 ☐ 95 613 **l)** 78 900 ☐ 100 000

5 Ordne. Beginne mit der kleinsten Länge.

Starthilfe a) Die kleinste Länge ist 12 cm: 12 cm < …

a) 32 cm 25 cm 22 cm 19 cm 12 cm

____

b) 500 m 450 m 451 m 501 m 541 m

____

Anwenden und Vernetzen

6 Trage die Namen der Medaillengewinner auf dem Siegertreppchen ein.

Starthilfe Sortiere zuerst die Anzahlen der Punkte.

	Gesamtergebnis im Wettkampf
Nils	521 Punkte
Dennis	576 Punkte
Murat	583 Punkte
Jonas	559 Punkte
Ali	574 Punkte
Ben	589 Punkte

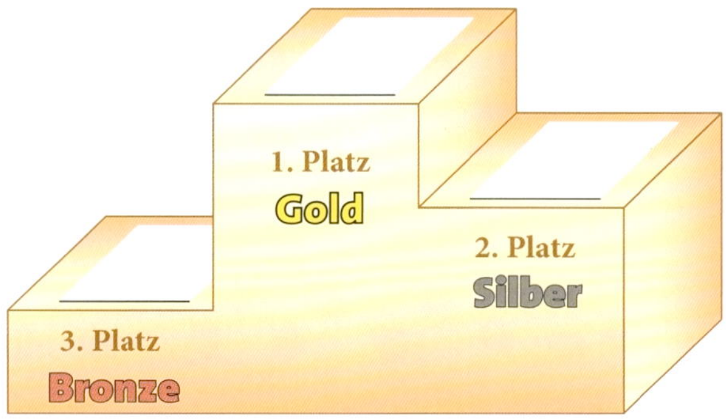

____

____

7 Zahlen und Zahlwörter

dreißigtausendzehn | 4100 | vierhunderttausendeins | 300 | viertausendeinhundert | dreißigtausend | vierhundertzehn | dreihundert | 30 000 | 4001

a) Verbinde Kästchen, die zusammengehören.

b) Trage die nach **a)** übrig gebliebenen Zahlen oder Zahlwörter in die Stellenwerttafel ein.
Beginne mit der kleinsten Zahl und vervollständige die Stellenwerttafel.

Zahlwort

HT	ZT	T	H	Z	E

Schätzen

▶ Grundwissen

Beim Schätzen versucht man, der genauen Anzahl möglichst nahe zu kommen.
Beim Schätzen von Anzahlen in Bildern kann zum Beispiel die Rastermethode helfen.

- Das Bild wird mit einem gleichmäßigen Raster aufgeteilt.
- In einem geeigneten Feld werden die Anzahlen bestimmt.
- Die ermittelte Anzahl wird mit der Gesamtzahl aller Felder multipliziert.

Beispiel: Bestimme die Anzahl aller Smileys im Bild.

- Geeignet sind z. B. 4 Felder.
- 12 Smileys im ausgewählten Feld
- Schätzwert: $12 \cdot 4 = 48$

tatsächliche Anzahl: 50

Trainieren

1 Schätze die Gesamtzahl aller Käfer.

Starthilfe Anzahl in einem Feld · Anzahl der Felder = Schätzwert

a) Zähle und berechne mithilfe der Rastermethode.

①

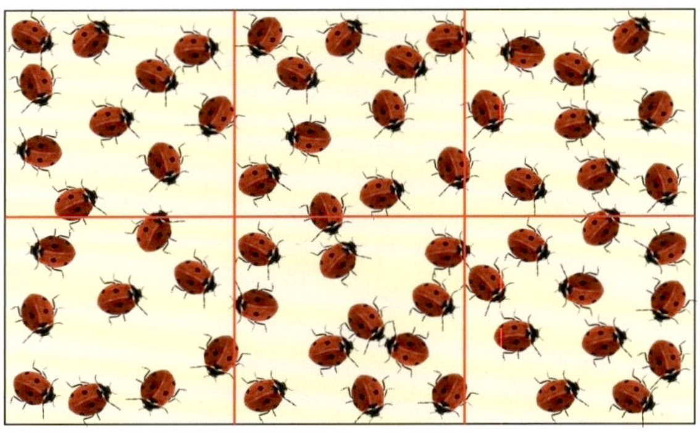

②

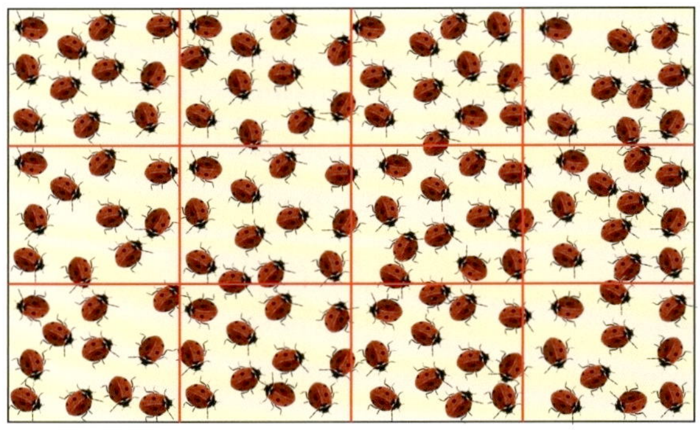

Anzahl der Käfer in einem Feld: ca. ______

Anzahl der Felder: ______

Schätzwert: ______ · ______ = ______

Anzahl der Käfer in einem Feld: ca. ______

Anzahl Felder: ______

Schätzwert: ______________

b) Schätze mithilfe der Rastermethode. Zeichne zunächst ein für dich geeignetes Raster.

①

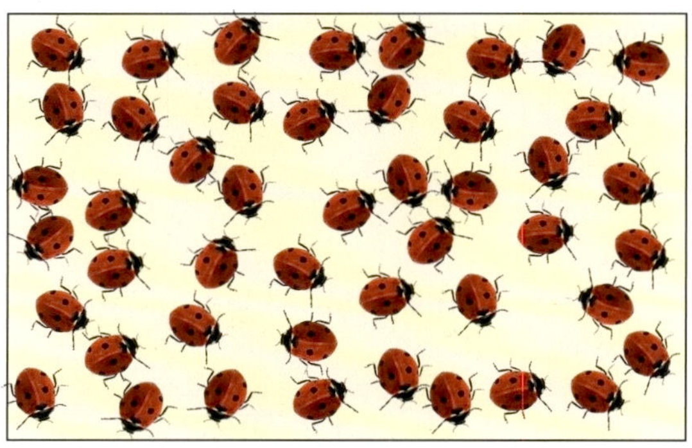

②

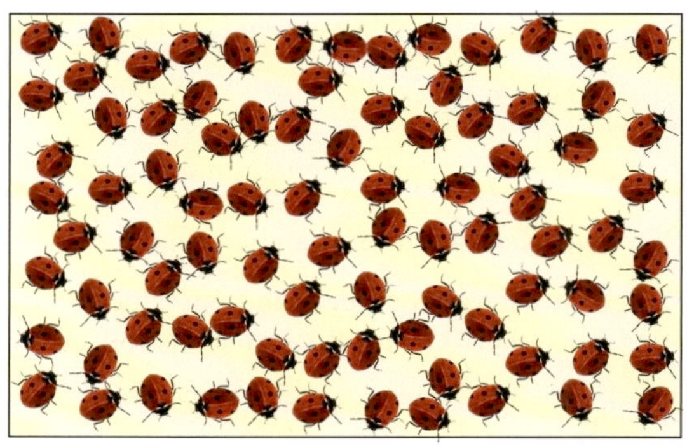

Anzahl der Käfer in einem Feld: ______

Anzahl der Felder: ______

Schätzwert: ______________

Anzahl der Käfer in einem Feld: ______

Anzahl Felder: ______

Schätzwert: ______________

2 Anhand der Bilder wurden Schätzungen über Anzahlen gemacht. Kreuze an, welche Schätzungen du für gut hältst.

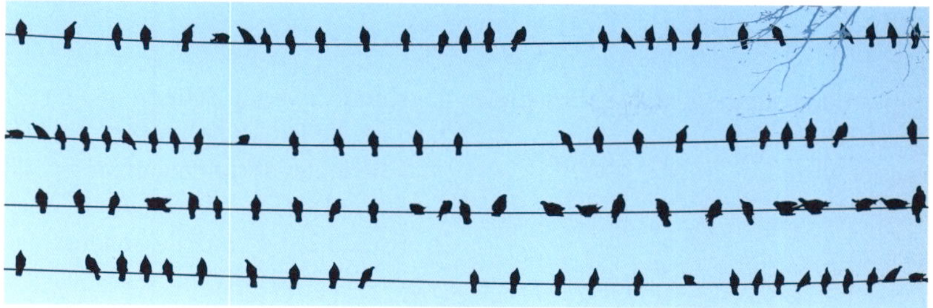

Starthilfe Anzahl in einem Bereich · Anzahl der Bereiche = Schätzwert

a) Vögel auf Stromkabeln	☐ $16 \cdot 4 = 64$	☐ $25 \cdot 4 = 100$	☐ $25 \cdot 3 = 75$
b) Äpfel in Schichten in der Kiste	☐ $15 \cdot 6 = 90$	☐ $23 \cdot 7 = 161$	☐ $20 \cdot 5 = 100$

Anwenden und Vernetzen

3 Schätze.

a) Wie viele Scheiben Brot isst du in einer Woche? ______

b) Wie oft schlägt dein Herz in zehn Minuten? ______

c) Wie oft besuchst du deinen Freund in einem Jahr? ______

d) Wie viele Malstifte sind in deinem Klassenraum? ______

e) Wie viele Äpfel isst du in einem Jahr? ______

4 Bei der Fahrt in den Urlaub ist auf der Autobahn ein langer Stau entstanden. Betrachte den Ausschnitt der vierspurigen Autobahn. Schätze möglichst gut und beantworte folgende Fragen.

a) Wie lang ist der fotografierte Abschnitt der Autobahn ungefähr?

______

______

______

b) Wie viele Pkw stehen auf der Strecke ungefähr?

______

______

______

c) Der Verkehrsfunk meldet 5 km Staulänge. Wie viele Autos stehen ungefähr im Stau?

______

______

______

Runden

▶ Grundwissen

Beim Runden von Zahlen muss die Rundungsstelle festgelegt sein. Die nächste Ziffer rechts von der Rundungsstelle entscheidet, ob abgerundet oder ob aufgerundet wird:

- abrunden bei den Ziffern 0, 1, 2, 3, 4
- aufrunden bei den Ziffern 5, 6, 7, 8, 9

Beispiele:
1. Runde 134 auf Zehner.
   3 ist die Rundungsstelle
   4 bedeutet abrunden, also
   134 ≈ 130
2. Runde 23 847 auf Tausender.
   23 847 ≈ 24 000

Trainieren

1 Aufrunden oder abrunden? Kreuze an, wie an der hervorgehobenen Rundungsstelle gerundet werden muss.

Starthilfe Ziffer nach der Rundungsstelle = …
… 0, 1, 2, 3, 4 ↓ (abrunden)
… 5, 6, 7, 8, 9 ↑ (aufrunden)

a) 14 ↓☐ ↑☐ b) 38 ↓☐ ↑☐ c) 75 ↓☐ ↑☐ d) 91 ↓☐ ↑☐
e) 58 ↓☐ ↑☐ f) 29 ↓☐ ↑☐ g) 370 ↓☐ ↑☐ h) 532 ↓☐ ↑☐
i) 446 ↓☐ ↑☐ j) 811 ↓☐ ↑☐ k) 1520 ↓☐ ↑☐ l) 4088 ↓☐ ↑☐

2 Die Rundungsstelle ist hervorgehoben.
Wie du siehst, ist hier jeweils nur Abrunden möglich.

Starthilfe Beim Abrunden stehen nach der Rundungsstelle nur Nullen.

a) 23 ≈ ____ b) 11 ≈ ____ c) 72 ≈ ____ d) 94 ≈ ____
e) 325 ≈ ____ f) 643 ≈ ____ g) 284 ≈ ____ h) 1205 ≈ ____
i) 3160 ≈ ____ j) 1426 ≈ ____ k) 17 144 ≈ ____ l) 23 456 ≈ ____

3 Die Rundungsstelle ist hervorgehoben.
Du siehst, hier ist nur Aufrunden möglich.

Starthilfe Aufrunden: Rundungsstelle + 1;
danach nur Nullen.

a) 27 ≈ ____ b) 18 ≈ ____ c) 75 ≈ ____ d) 86 ≈ ____
e) 352 ≈ ____ f) 674 ≈ ____ g) 288 ≈ ____ h) 1255 ≈ ____
i) 5920 ≈ ____ j) 2389 ≈ ____ k) 26 564 ≈ ____ l) 9856 ≈ ____

4 Die Rundungsstelle ist hervorgehoben. Runde nach den Rundungsregeln.

a) 19 ≈ ____ b) 43 ≈ ____ c) 427 ≈ ____ d) 1943 ≈ ____
e) 471 ≈ ____ f) 3638 ≈ ____ g) 555 ≈ ____ h) 8293 ≈ ____
i) 9910 ≈ ____ j) 17 981 ≈ ____ k) 9949 ≈ ____ l) 29 965 ≈ ____

5 Runde auf die in der ersten Spalte angegebene Rundungsstelle.

Starthilfe

HT	ZT	T	H	Z	E	
	2	5	3	8	4	≈ 25 400

Runden auf …	25 384	145 749	360 060	278 953	1 247 389
Hunderter (H)					
Tausender (T)					
Zehntausender (ZT)					

6 Ergänze die gerundeten Zahlen.

Starthilfe Suche die Rundungsstelle in der gegebenen Zahl in der Mitte. Wende dann die Regel an.

a) 17 392
- gerundet auf Zehner
- gerundet auf Hunderter
- gerundet auf Tausender
- gerundet auf Zehntausender

b) 249 249
- gerundet auf Zehner
- gerundet auf Hunderter
- gerundet auf Tausender
- gerundet auf Zehntausender

7 Auf welche Stelle wurde gerundet?

Starthilfe Prüfe, ob es die Stelle links von den Nullen sein kann.

a) 48 ≈ 50 ______ b) 185 ≈ 190 ______

c) 273 ≈ 300 ______ d) 1436 ≈ 1000 ______

e) 25 467 ≈ 30 000 ______ f) 24 639 ≈ 24 600 ______

g) 49 519 ≈ 49 500 ______ h) 327 508 ≈ 330 000 ______

i) 139 409 ≈ 139 000 ______ j) 219 324 ≈ 200 000 ______

Anwenden und Vernetzen

8 Bei welchen Zahlen im Text wurde vermutlich gerundet? Kreuze an.

- ☐ An der Schillerschule werden 690 Schülerinnen und Schüler unterrichtet.
- ☐ Leons Handynummer lautet 01797132090. Er wohnt in einem Haus mit der Hausnummer 181.
- ☐ Die Entfernung der Erde zum Mond beträgt 384 000 km.
- ☐ Bei der Schulsprecherwahl gab es 90 Stimmen für Lena, 87 Stimmen für Merit und 65 Stimmen für Nora.
- ☐ Steven und Annemarie sind in den Sommerferien insgesamt 523 km mit dem Rad gefahren.
- ☐ Die Stadt Hildesheim hat 102 500 Einwohner.
- ☐ Der Pkw hat eine Gesamtbreite von 2020 mm.

9 Paul erzählt: „Mein Pferd Sternschnuppe wiegt rund 300 kg und ist ca. 180 cm hoch. Ich bin mit ihm schon etwa 1000 km geritten. Sternschnuppe bekommt täglich ungefähr 10 kg Heu.
In den folgenden Sätzen wurden Lücken für die Werte gelassen, die nach den Rundungsregeln möglich sind.
Ergänze die fehlenden Werte.

Sternschnuppe wiegt mindestens ______ kg und höchstens ______ kg.

Sternschnuppe ist mindestens ______ cm und höchstens ______ cm groß.

Geritten ist Paul mindestens ______ km und höchstens ______ km.

Sternschnuppe futtert täglich mindestens ______ kg Heu und höchstens ______ kg.

Das Koordinatensystem

▶ Grundwissen

- Ein Koordinatensystem besteht aus zwei Achsen, der x-Achse und der y-Achse.
- Die Achsen stehen im rechten Winkel zueinander.
- Jede Achse ist gleichmäßig unterteilt und beginnt bei 0.
- Jeder Punkt P kann mit seinen Koordinaten $P(x|y)$ angegeben werden.

Beispiel:
$A(2|1)$
$B(6|3)$
$C(5|0)$

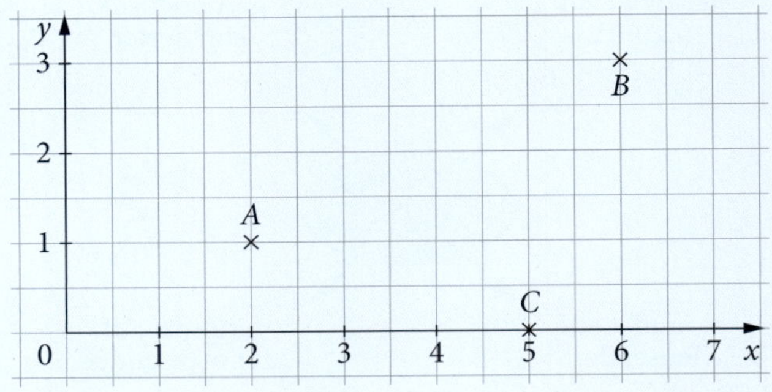

Trainieren

1 Vervollständige die Angaben zu den im Koordinatensystem eingezeichneten Punkten.

a) x-Koordinaten

Starthilfe
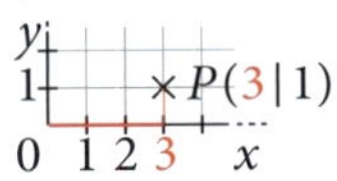

A (___ | 1)   *B* (___ | 1)

C (___ | 0)   *D* (___ | 3)

E (___ | 4)   *F* (___ | 5)

b) y-Koordinaten

Starthilfe
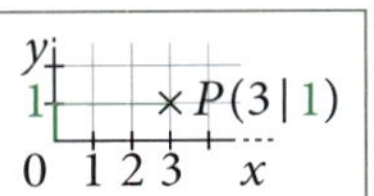

G (4 | ___)   *H* (4 | ___)

I (6 | ___)   *J* (5 | ___)

K (4 | ___)   *L* (0 | ___)

c) x- und y-Koordinaten

M (___ | ___)   *N* (___ | ___)

O (___ | ___)   *P* (___ | ___)

Q (___ | ___)   *R* (___ | ___)

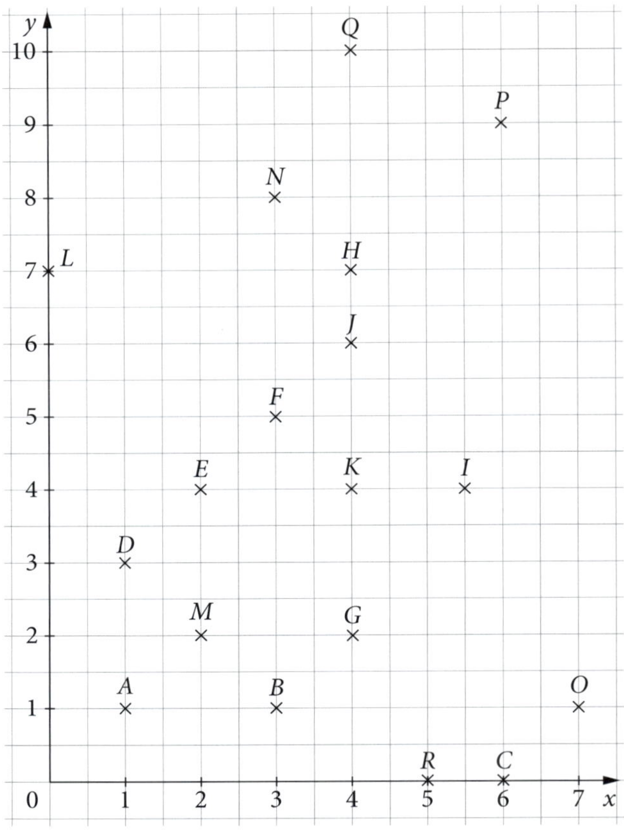

2 Zeichne die Punkte im Koordinatensystem ein.

Starthilfe
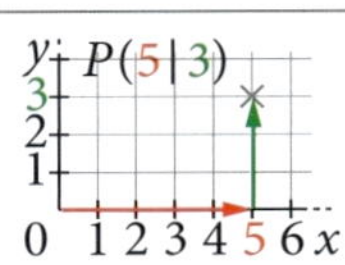

$A(3\|1)$	$B(2\|4)$	$C(4\|6)$
$D(5\|3)$	$E(7\|0)$	$F(8\|2)$
$G(9\|7)$	$H(10\|5)$	$I(11\|1)$
$J(0\|0)$	$K(0\|6)$	$L(13\|3)$

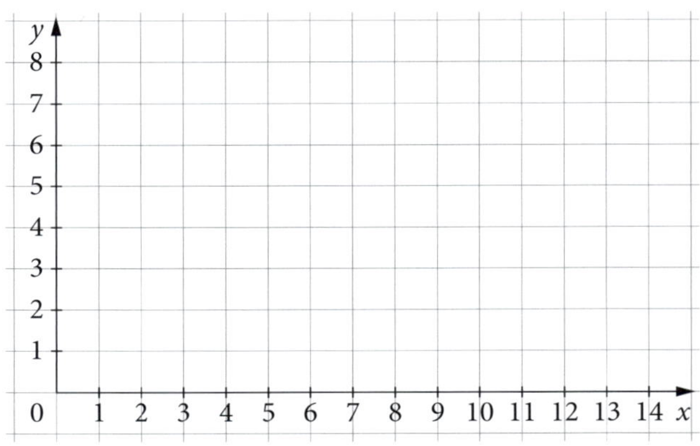

3 Welcher Punkt hat diese Koordinaten? Ergänze.

Starthilfe

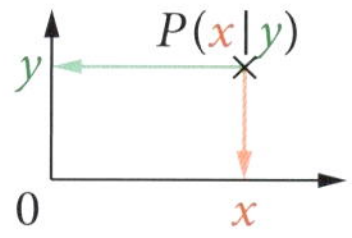

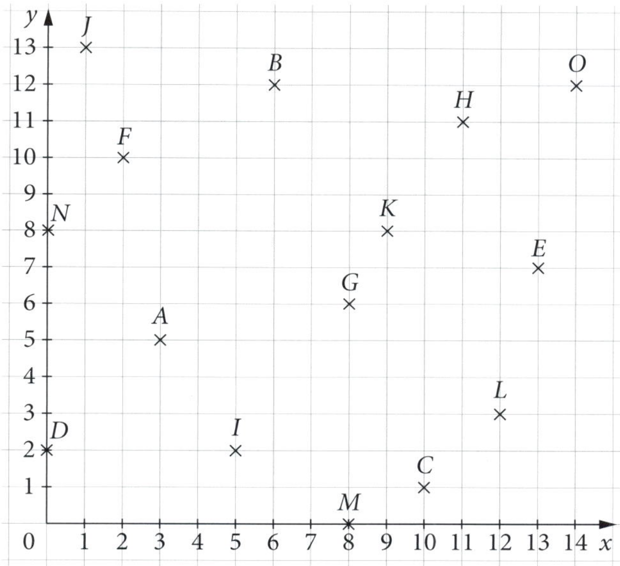

___ (3|5)	___ (6|12)	___ (10|1)
___ (0|2)	___ (13|7)	___ (2|10)
___ (8|6)	___ (11|11)	___ (5|2)
___ (1|13)	___ (9|8)	___ (12|3)
___ (8|0)	___ (0|8)	___ (14|12)

Anwenden und Vernetzen

4 Welches Bild ergibt sich?

① Trage die Punkte in das Koordinatensystem ein.

A(1|0) *B*(14|0) *C*(14|4)
D(5|4) *E*(5|6) *F*(5|11)
G(3|13) *H*(1|11) *I*(12|6)

② Verbinde die markierten Punkte nacheinander so:

A – *B* – *C* – *D* – *E* – *F* – *G* – *H* – *A*
F – *H*
C – *I* – *E*

③ Was vermutest du, welches Gebäude hier skizzenhaft entstanden ist?
Du kannst das Bild auch weiter gestalten.

____

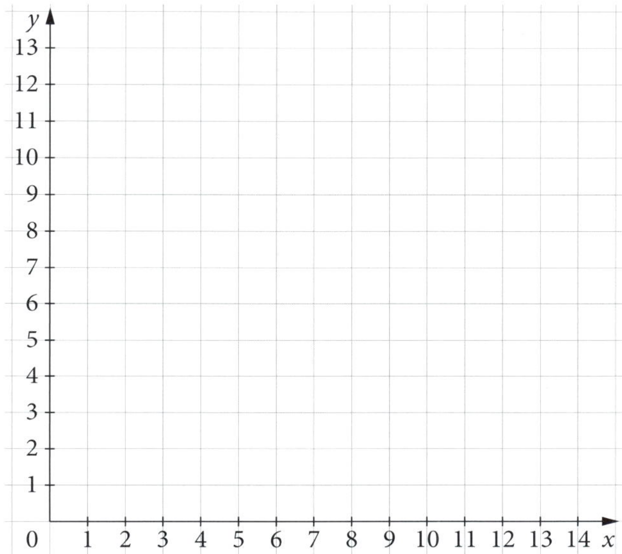

5 Beim Zeichnen von Koordinatensystemen wurden die folgenden Fehler gemacht.
Verbinde den Fehler und das zugehörige fehlerhafte Koordinatensystem.

Die beiden Achsen haben eine unterschiedliche Einteilung.

Die *x*-Achse und die *y*-Achse wurden vertauscht.

Das Koordinatensystem beginnt nicht im Punkt (0|0).

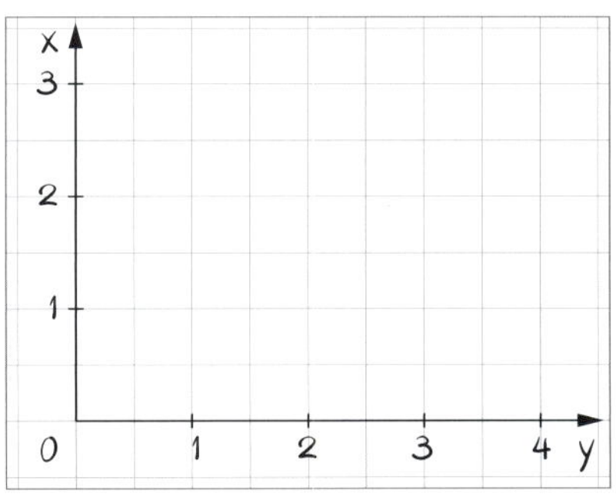

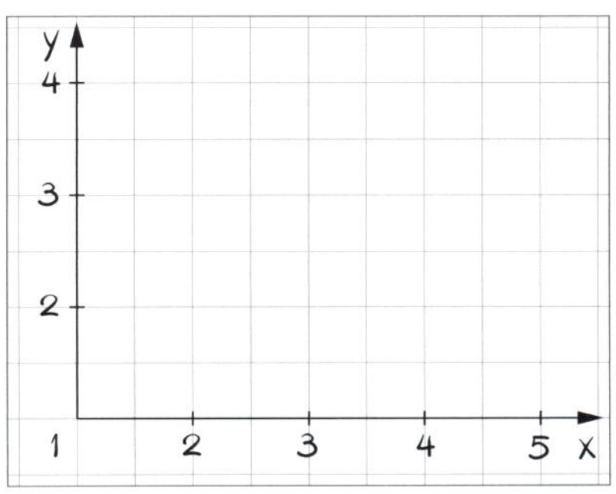

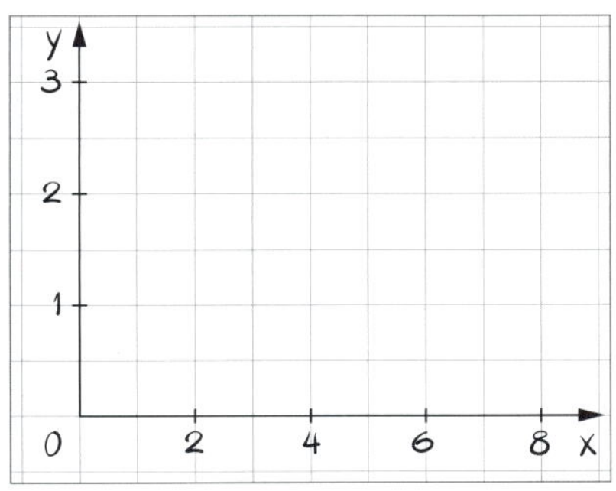

Parallel und senkrecht zueinander

▶ Grundwissen

Geraden, die überall den gleichen Abstand zueinander haben, sind **parallel zueinander**.

Geraden, die einen rechten Winkel bilden, sind **senkrecht zueinander**.

Das Geodreieck hilft, zueinander parallele oder senkrechte Geraden zu erkennen oder auch zu zeichnen.

Beispiel:

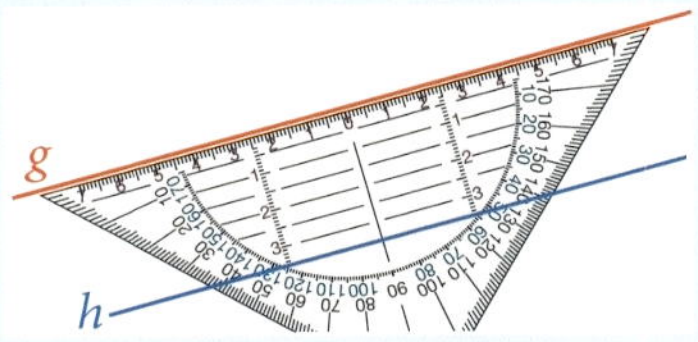

Die Geraden g und h sind parallel zueinander.
Man schreibt $g \parallel h$.

Beispiel:

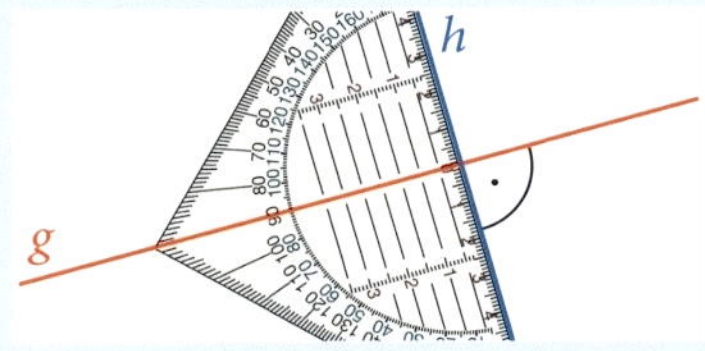

Die Geraden g und h sind senkrecht zueinander.
Man schreibt $g \perp h$.

Trainieren

1 Zueinander parallele Geraden erkennen und zeichnen

a) Auf dem Geodreieck sind bereits zueinander parallele Linien erkennbar.
Zeichne in ① alle zur Geraden g parallelen Geraden, die durch die grün dargestellten Linien verlaufen.
Zeichne in ② mithilfe der Darstellung des Geodreiecks mögliche parallele Geraden zur Geraden g.

Starthilfe parallel

① g

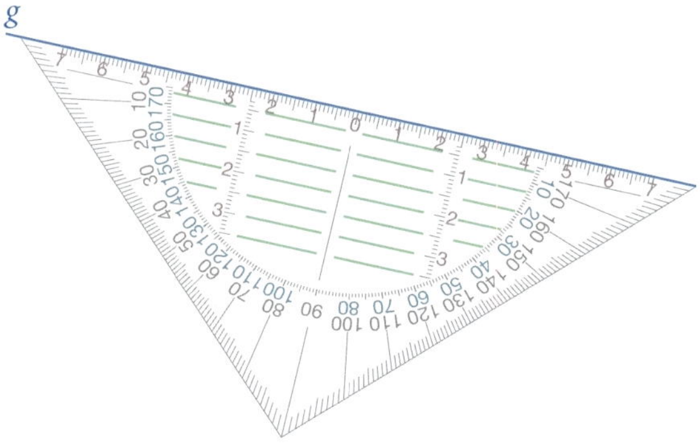

②

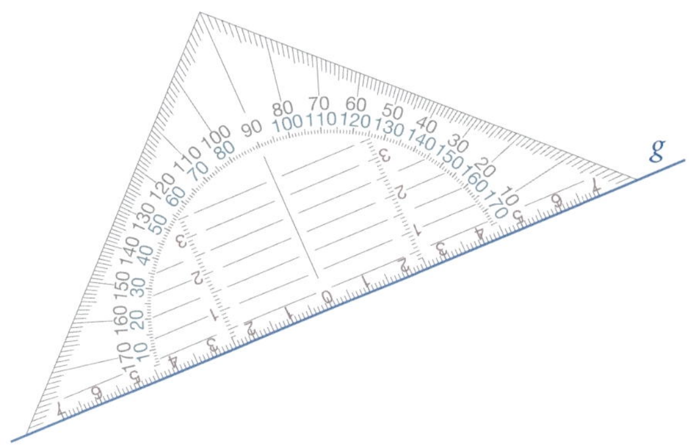

b) Zeichne nach dem dargestellten Beispiel vier Parallelen zur Geraden g, die voneinander einen Abstand von 1 cm haben.

Starthilfe

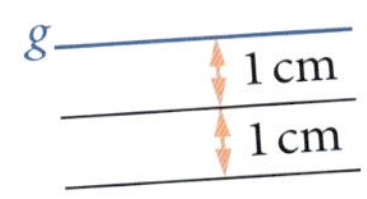

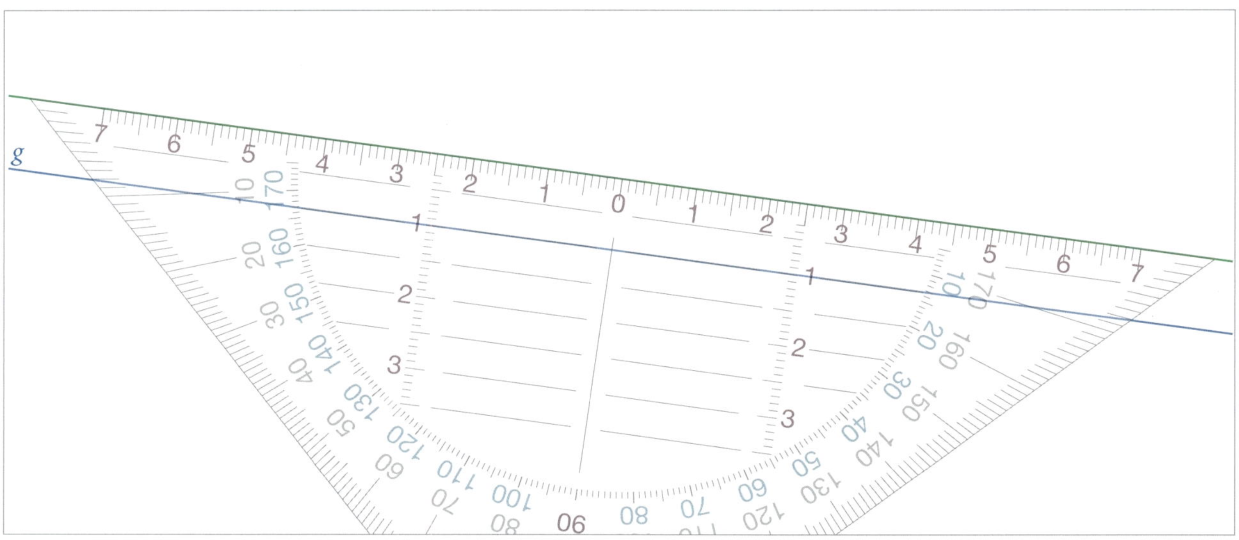

2 Senkrechte Geraden erkennen und zeichnen

a) Auf dem Geodreieck ist die zur längsten Kante senkrechte Linie erkennbar. Zeichne in ① die auf dem Geodreieck zur Geraden g senkrechte Gerade. Zeichne in ② mithilfe der Darstellung des Geodreiecks weitere zur Geraden *g* senkrechte Linien. Markiere jeweils den rechten Winkel.

Starthilfe senkrecht

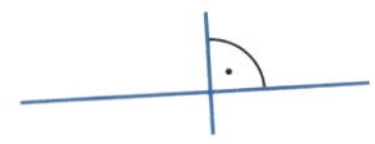

①

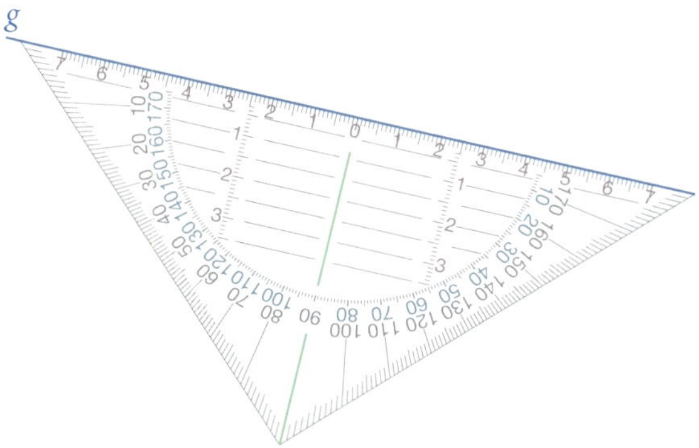

②

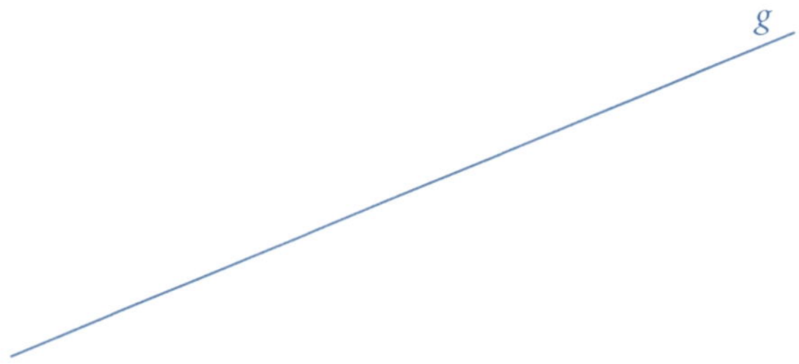

b) Zeichne nach dem dargestellten Beispiel mindestens sechs Senkrechte zur Geraden *g*, die voneinander 1 cm Abstand haben.

Starthilfe

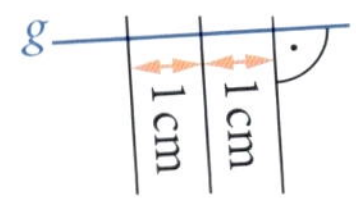

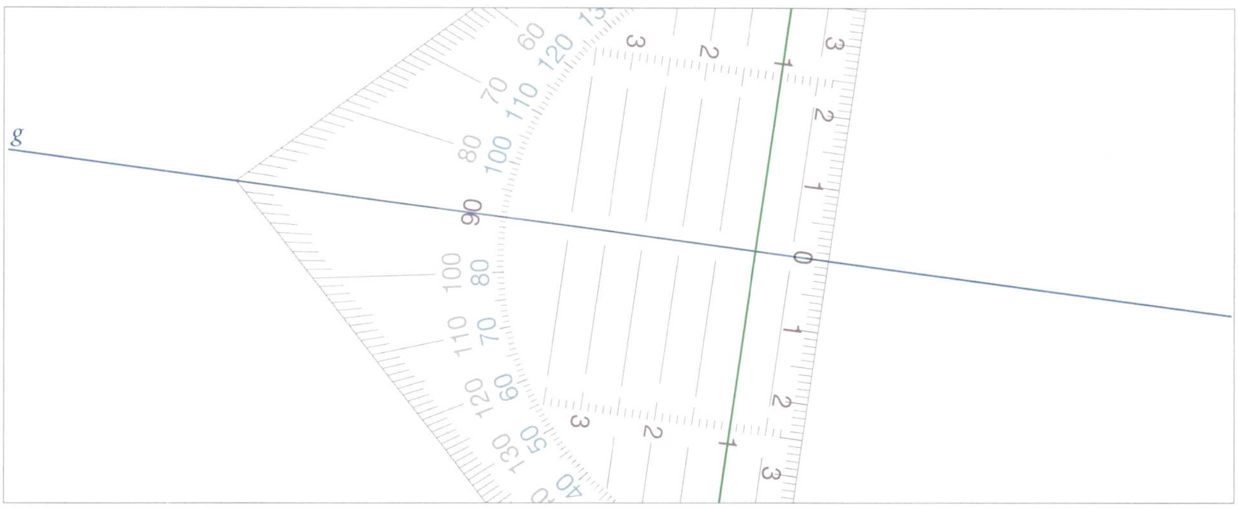

Anwenden und Vernetzen

3 Setze das Muster aus Parallelen und Senkrechten bis zum rechten Rand fort. Male das entstandene Muster farbig aus.

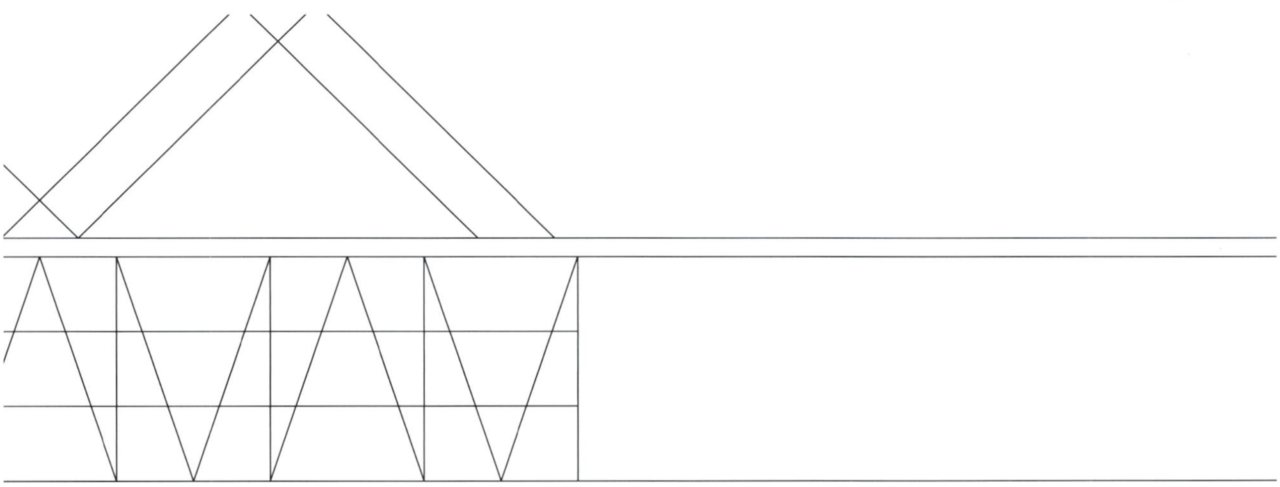

Achsensymmetrische Figuren

▶ Grundwissen

Eine achsensymmetrische Figur kann so gefaltet werden, dass beide entstehende Teile genau aufeinanderpassen.

Die Gerade durch die Faltlinie nennt man Symmetrieachse oder auch Spiegelachse.

Trainieren

1 Zeichne jeweils die Symmetrieachse ein.

Starthilfe 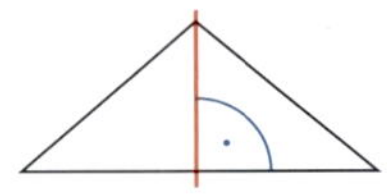

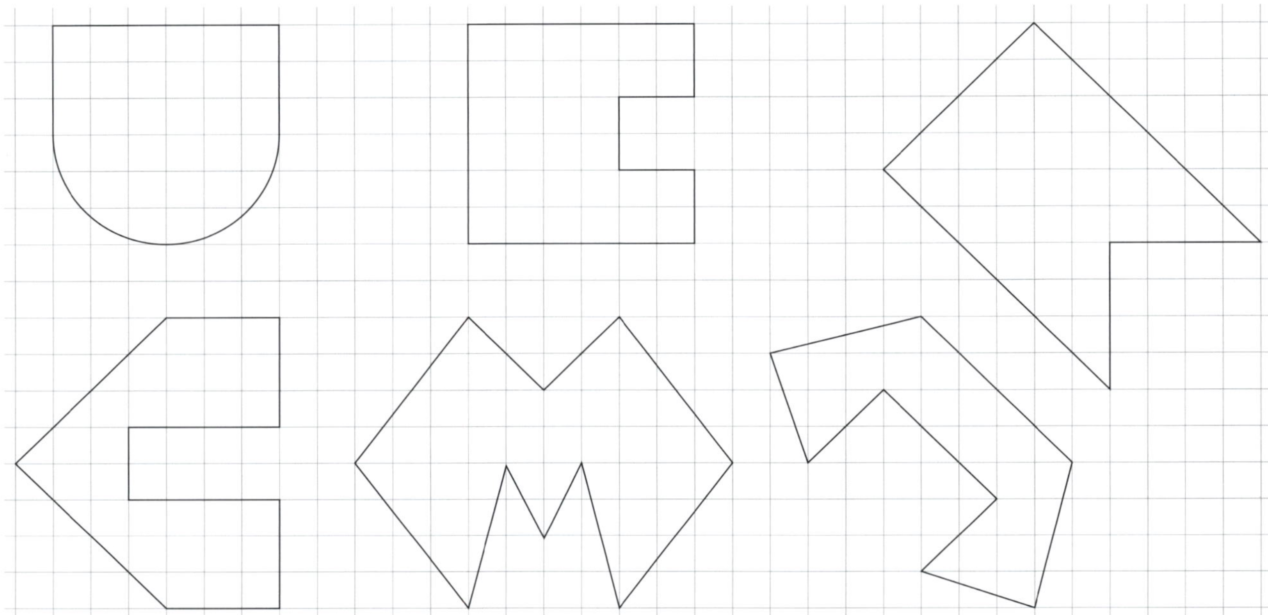

2 Kreuze alle Figuren an, die achsensymmetrisch sind. Zeichne bei diesen Figuren die Symmetrieachse ein.

Starthilfe Suche jeweils nach der Symmetrieachse.

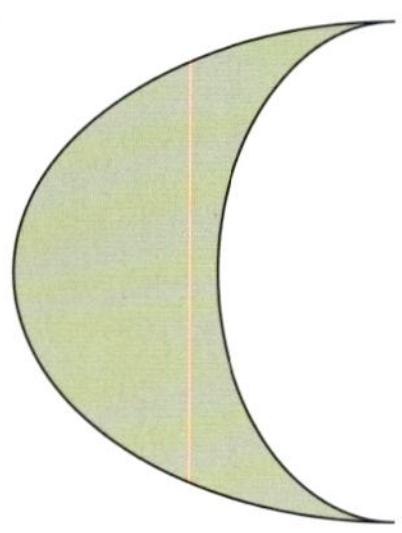

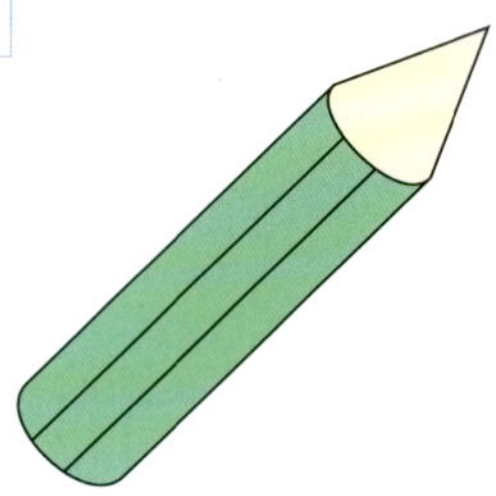

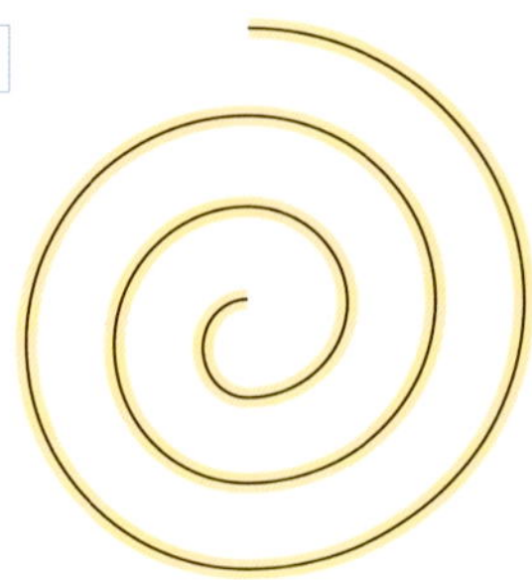

3 Zeichne alle Symmetrieachsen ein.

Starthilfe

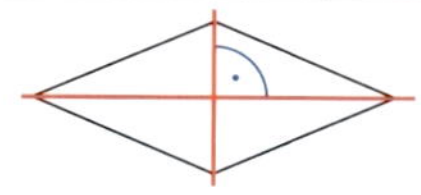

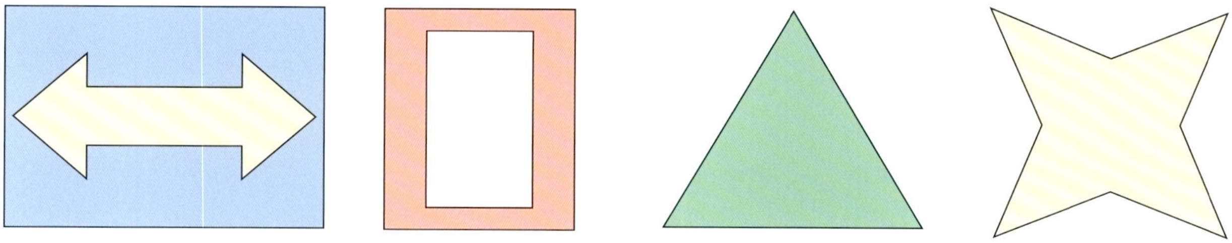

4 Ergänze zu einer achsensymmetrischen Figur.

Starthilfe

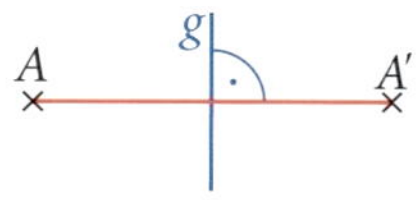

Der Punkt A hat den Bildpunkt A'.
A und A' haben den gleichen Abstand von der Symmetrieachse g.

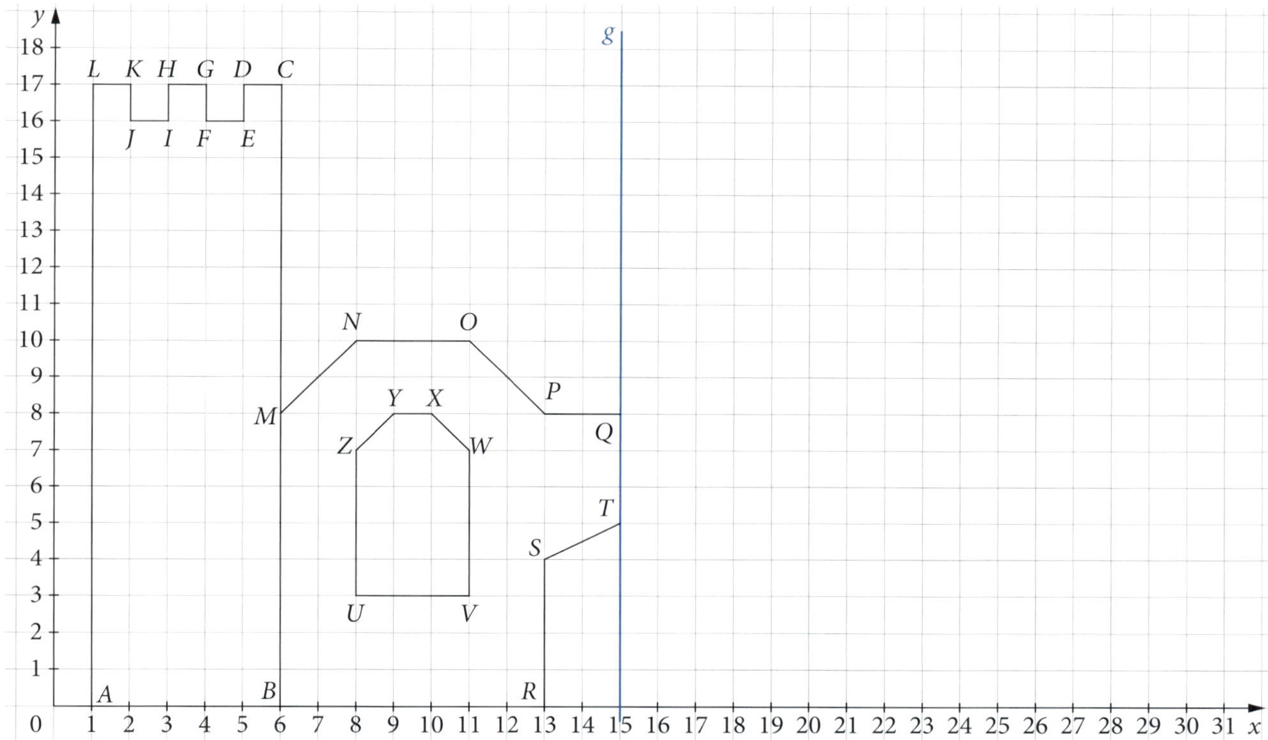

Anwenden und Vernetzen

5 Ergänze zu fünf verschiedenen achsensymmetrischen Figuren. Färbe dazu weitere Karos ein. Jede Figur soll nur eine Symmetrieachse haben. Zeichne die Symmetrieachse ein.

Starthilfe z. B.

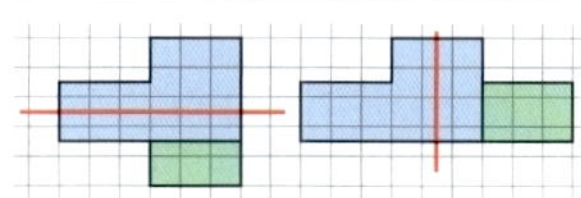

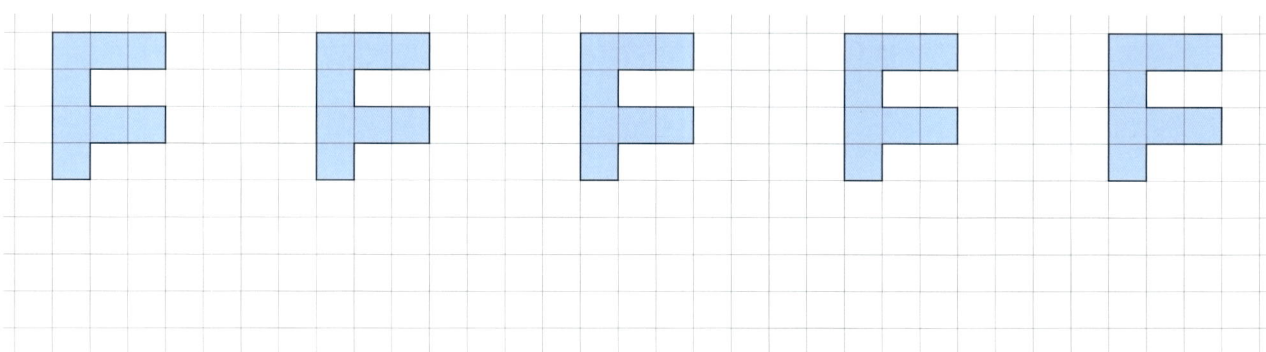

Im Kopf addieren und subtrahieren

▶ Grundwissen

Addieren bedeutet zusammenzählen oder hinzufügen.
Die Begriffe rechts solltest du kennen.

Beispiel: 32 + 46

Summe				
32	+	46	=	78
1. Summand		2. Summand		Wert der Summe

Subtrahieren bedeutet abziehen oder den Unterschied berechnen.
Die Begriffe rechts solltest du kennen.

Beispiel: 96 – 43

Summe				
96	–	43	=	53
Minuend		Subtrahend		Wert der Differenz

Trainieren

1 Addiere im Kopf.

Starthilfe 38 + 16; z. B.: Erst die Zehner addieren: 38 + 10 = 48, dann die Einer addieren 48 + 6 = 54.

a) 15 + 4 = ____ 6 + 13 = ____ 21 + 15 = ____ 24 + 33 = ____
46 + 22 = ____ 77 + 13 = ____ 66 + 43 = ____ 85 + 54 = ____

b) 19 + 7 = ____ 8 + 28 = ____ 14 + 18 = ____ 36 + 16 = ____
48 + 25 = ____ 52 + 49 = ____ 65 + 67 = ____ 28 + 99 = ____

c) 30 + 140 = ____ 150 + 40 = ____ 270 + 20 = ____ 120 + 160 = ____
260 + 130 = ____ 840 + 120 = ____ 310 + 570 = ____ 850 + 340 = ____

d) 150 + 90 = ____ 80 + 160 = ____ 570 + 80 = ____ 430 + 180 = ____
860 + 370 = ____ 660 + 490 = ____ 570 + 340 = ____ 1160 + 150 = ____

2 Ergänze die Additionsmauern.

Starthilfe [42] über [28][14] ← 28 + 14 = 42

a) unterste Reihe: 9 | 3 | 10 | 16

b) unterste Reihe: 55 | 6 | 31 | 7

c) unterste Reihe: 11 | 22 | 33 | 44

d) unterste Reihe: 600 | 2500 | 1300

e) unterste Reihe: 2100 | 120 | 16

f) unterste Reihe: 5000 | 700 | 1500

3 Subtrahiere im Kopf.

Starthilfe 38 – 16; z. B.: Erst die Zehner subtrahieren: 38 – 10 = 28, dann die Einer subtrahieren 28 – 6 = 22.

a) 27 – 4 = ___ 38 – 6 = ___ 44 – 13 = ___ 39 – 16 = ___
76 – 21 = ___ 65 – 34 = ___ 88 – 63 = ___ 93 – 82 = ___

b) 25 – 6 = ___ 16 – 9 = ___ 32 – 5 = ___ 64 – 8 = ___
43 – 15 = ___ 85 – 27 = ___ 91 – 36 = ___ 156 – 48 = ___

c) 180 – 60 = ___ 490 – 70 = ___ 350 – 110 = ___ 570 – 260 = ___
890 – 520 = ___ 770 – 630 = ___ 660 – 450 = ___ 980 – 760 = ___

d) 140 – 50 = ___ 250 – 80 = ___ 330 – 80 = ___ 520 – 160 = ___
610 – 420 = ___ 770 – 190 = ___ 850 – 370 = ___ 1210 – 250 = ___

4 Ergänze die Subtraktionsmauern.

Starthilfe [38] / [15][23] 38 – 15 = 23

a)
44
21 | ___
14 | ___ | ___
8 | ___ | ___ | ___

b)
60
31 | ___
20 | ___ | ___
17 | ___ | ___ | ___

c)
550
240 | ___
80 | ___ | ___
25 | ___ | ___ | ___

d)
4800
3700 | ___
2900 | ___ | ___

e)
1000
650 | ___
525 | ___ | ___

f)
99 999
66 666 | ___
44 444 | ___ | ___

Anwenden und Vernetzen

5 Setze die Rechenzeichen + oder – passend ein.

a) 10 ☐ 15 ☐ 10 = 35 **b)** 50 ☐ 20 ☐ 5 = 25 **c)** 100 ☐ 50 ☐ 30 = 80 **d)** 150 ☐ 100 ☐ 150 = 100
e) 20 ☐ 16 ☐ 10 = 14 **f)** 30 ☐ 12 ☐ 13 = 55 **g)** 75 ☐ 15 ☐ 1 = 59 **h)** 200 ☐ 80 ☐ 70 = 210

6 Ordne jedem Rechenauftrag den passenden Rechenausdruck und Überschlag zu. Berechne die Ergebnisse.

Addiere 45 und 26. | Subtrahiere 23 von 54. | Addiere 54 und 23. | Subtrahiere 26 von 45.

54 – 23 = ___ | 45 – 26 = ___ | 54 + 23 = ___ | 45 + 26 = ___

50 – 30 = ___ | 50 – 20 = ___ | 50 + 20 = ___ | 50 + 30 = ___

Rechengesetze und Rechenvorteile

▶ Grundwissen

Manchmal kann man sich das Rechnen durch die Anwendung von Rechengesetzen oder Regeln erleichtern:

Beispiele:

- In einer Summe dürfen die Summanden vertauscht werden (Kommutativgesetz). — $11 + 83 = 83 + 11 = 94$
- In einer Summe dürfen die Summanden beliebig mit Klammern zusammengefasst werden (Assoziativgesetz). — $25 + 17 + 3 = 25 + (17 + 3) = 25 + 20 = 45$
- Was in Klammern steht, wird zuerst berechnet (Vorrangregel). — $54 - (36 + 4) = 54 - 40 = 14$

Trainieren

1 Färbe Aufgaben, die das gleiche Ergebnis haben, mit der gleichen Farbe.

Starthilfe $7 + 15 = 15 + 7$; $9 + 18 + 1 = (9 + 1) + 18$

7 + 64	(12 + 8) + 17	13 + 76	5 + 98	45 + 26 + 5	17 + 8 + 12
99 + 13 + 1	(45 + 5) + 26	64 + 7	(99 + 1) + 13	98 + 5	76 + 13

2 Berechne. Vertausche zuerst die Summanden, wenn es sich so einfacher rechnen lässt.

Starthilfe $5 + 97 = 97 + 5 = 102$

a) $8 + 76 =$ ______ = ______
b) $6 + 57 =$ ______
c) $9 + 92 =$ ______
d) $12 + 67 =$ ______
e) $11 + 182 =$ ______
f) $14 + 290 =$ ______
g) $21 + 284 =$ ______
h) $31 + 105 =$ ______
i) $7 + 498 =$ ______

3 Berechne.
Fasse vorher zusammen, was sich leicht berechnen lässt.

Starthilfe $9 + 15 + 5 = 9 + (15 + 5) = 9 + 20 = 29$

a) $17 + 9 + 1 =$ ______
b) $8 + 83 + 2 =$ ______
c) $58 + 25 + 25 =$ ______
d) $99 + 23 + 1 =$ ______
e) $145 + 16 + 5 =$ ______
f) $78 + 18 + 2 =$ ______
g) $26 + 195 + 5 =$ ______
h) $3 + 228 + 97 =$ ______

4 Berechne vorteilhaft. Die Summanden dürfen vertauscht und zusammengefasst werden.

Starthilfe $19 + 11 = 30$; $18 + 12 = 30$; $17 + 13$ ...

a) $1 + 16 + 19 + 13 + 4 + 7 =$ ______
b) $99 + 98 + 97 + 3 + 2 + 1 =$ ______
c) $10 + 12 + 14 + 16 + 18 + 20 =$ ______
d) $1 + 2 + 3 + 4 + 5 + 6 + 7 + 8 + 9 + 10 =$ ______

5 Beachte die Vorrangregeln.

Starthilfe	Klammern zuerst!

a) $15 - (6 + 7) =$ ______ $-$ ______ $=$ ______

b) $30 - (10 + 12) =$ ______

c) $(7 + 12) - (11 - 4) =$ ______

d) $(30 - 5) - (22 + 2) =$ ______

e) $(28 - 13) - (51 - 40) =$ ______

f) $50 - (25 - 15) + 10 =$ ______

g) $(9 + 8) - (7 + 6) - (5 - 4) =$ ______

h) $(120 + 15 - 5) - (60 - 45) =$ ______

i) $(50 - 30 + 2) - (11 - 9 + 6) =$ ______

j) $30 - (6 + 9) - 5 - (12 - 7) =$ ______

6 Setze die fehlenden Klammern.

Starthilfe	$(30 - 10) + 5 = ?$ $30 - (10 + 5) = ?$

a) $30 - 10 + 5 = 15$

b) $20 - 12 + 6 = 2$

c) $100 - 50 + 30 + 10 = 10$

d) $80 - 20 - 10 + 10 = 40$

e) $18 - 7 + 1 - 6 + 4 = 0$

f) $150 - 30 + 20 + 50 - 10 = 40$

g) $300 - 100 + 40 + 60 - 50 = 150$

h) $500 - 100 + 100 - 100 + 200 = 0$

Anwenden und Vernetzen

7 Klara möchte alle Preise möglichst schnell zusammenrechnen.

Sie hat sich diesen Rechenausdruck aufgeschrieben:

90 € + 12 € + 65 € + 88 € + 35 € + 25 € + 49 € + 91 € + 51 € + 10 € + 9 € + 75 € =

Schreibe auf, wie man das einfacher berechnen kann und löse die Aufgabe.

______

______

8 Verbinde von links nach rechts Zusammengehörendes.

Kommutativgesetz	Was in Klammern steht, wird zuerst berechnet.	$5 + 10 = 10 + 5$
Assoziativgesetz	In einer Summe dürfen die Summanden beliebig mit Klammern zusammengefasst werden.	$8 - (5 + 1) = 8 - 6 = 2$
Vorrangregel	In einer Summe dürfen die Summanden vertauscht werden.	$2 + 4 + 10 = (2 + 4) + 10$

Schriftlich addieren

▶ Grundwissen

Vorher solltest du stets einen Überschlag rechnen.

Bei der schriftlichen Addition ist zu beachten:
- Die Summanden werden stellengerecht untereinander geschrieben.
- Es wird rechts (bei den Einern) begonnen.
- Erhält man 10 und mehr, entsteht ein Übertrag, der zur nächsten Stelle links addiert wird.

Beispiele:

1. 531 + 27
   Überschlag: z. B. 530 + 30 = 560

	5	3	1
+		2	7
	5	5	8

2. 139 + 46
   Überschlag: z. B. 140 + 50 = 190

	1	3	9
+		4	6
		1	
	1	8	5

Nach der Rechnung ist es sinnvoll, das Ergebnis mit dem Überschlag zu vergleichen, ob die Werte annähernd gleich sind. Wenn nicht, ist an einer Stelle ein Fehler gemacht worden.

Trainieren

1 Schreibe die Summanden stellengerecht untereinander.

Starthilfe Einer unter Einer, Zehner unter Zehner, ...

a) 194 + 61 + 1004

		1	9	4
+				
+				

b) 29 + 318 + 9

c) 8 + 620 + 2591

d) 4285 + 102 + 30678

2 Addiere schriftlich.
Überschlage (Ü.:) vorher das Ergebnis und vergleiche anschließend mit deiner Rechnung.

Starthilfe

	5	3	1
+		2	7
	5	5	8

7 + 1 = 8
2 + 3 = 5
5 = 5

a) Ü.: 30 + 650 = ______

		3	4
+	6	5	1

b) Ü.: 1430 + 60 = ______

	1	4	2	6
+			6	3

c) Ü.: 45000 + 700 = ______

	4	5	0	2	4
+			6	7	4

d) Ü.: ______ = ______

	1	6	3	0
+		2	5	2
+	6	0	1	3

e) Ü.: ______ = ______

	4	3	0	1
+			4	5
+		4	1	3

f) Ü.: ______ = ______

			3	5
+		2	5	1
+	5	0	1	2

3 Addiere schriftlich.
Überschlage (Ü.:) vorher das Ergebnis und vergleiche anschließend mit deiner Rechnung.
Achte auf Überträge.

Starthilfe

	4	6	2
+	1	8	5
	1		
	6	4	7

5 + 2 = 7
8 + 6 = 14 Übertrag 1
1 + 1 + 4 = 6

a) Ü.: ______ = ______

	1	6	4	5
+		3	1	6

b) Ü.: ______ = ______

	8	2	9	7
+	1	7	6	4

c) Ü.: ______ = ______

		6	7	5
+	9	4	5	1

4 Addiere schriftlich.

> **Starthilfe**
> 1. Überschlag
> 2. gleiche Stellen untereinander
> 3. Übertrag beachten

a) 4363 + 829

Ü.: ______________

b) 2688 + 6012

Ü.: ______________

c) 969 + 4682

Ü.: ______________

d) 590 + 6067 + 3819

Ü.: ______________

= ________

e) 66 + 777 + 8888

Ü.: ______________

= ________

f) 678 + 6789 + 17 890

Ü.: ______________

= ________

5 Ergänze die fehlenden Ziffern.

> **Starthilfe** **a)** 2 + ▒ = 3; ▒ + 4 = 7 …

a)

		1	4	
+		5		2
	3		7	3

b)

		7	4		5
+	1		0	8	5
	1			1	
		0		9	

c)

	1			7	6
+		6	7	1	
		1		1	
		7	5		1

d)

		6	3		
+			9	4	6
	1	1	1		
	5	6		0	7

Anwenden und Vernetzen

6 In den Rechnungen wurden Fehler gemacht. Markiere die fehlerhaften Ziffern. Rechne anschließend korrekt.

a)

	7	2	8	9
+	1	9	1	3
		1		1
	8	1	9	2

b)

	4	3	0	1
+	2	8	0	9
+		7	5	0
	6	18	5	10

7 Filmbesucher im Titania Filmpalast

a) Welcher Film hatte mehr Zuschauer?
Ergänze die Gesamtanzahlen in der Tabelle.

____

b) In welcher Woche waren die meisten Besucher im Filmpalast? Ordne die wöchentlichen Gesamtanzahlen. Beginne mit der größten Besucherzahl.

	Das blaue Wunder	Allerbeste Freunde
1. Woche	813	1231
2. Woche	1045	1064
3. Woche	1135	781
4. Woche	784	682
Summe:		

____

____

Schriftlich subtrahieren

▶ Grundwissen

Vorher solltest du stets einen Überschlag rechnen.

Bei der schriftlichen Subtraktion ist zu beachten:

- Die Zahlen werden stellengerecht untereinander geschrieben.
- Es wird rechts (bei den Einern) begonnen und von unten nach oben ergänzt: „von ■ bis ■ sind es ■“ Ist dabei eine Zehnerüberschreitung nötig, wird der Übertrag bei der nächsten Stelle links addiert, z. B. „von 1 + ■ bis ■ sind es ■“.

Beispiele:

1. 468 – 125
   Überschlag: z. B. 470 – 130 = 340

	4	6	8
–	1	2	5
	3	4	3

2. 451 – 103
   Überschlag: z. B. 450 + 100 = 350

	4	5	1
–	1	0	3
		1	
	3	4	8

Nach der Rechnung ist es sinnvoll, das Ergebnis mit dem Überschlag zu vergleichen, ob die Werte annähernd gleich sind. Wenn nicht, ist an einer Stelle ein Fehler gemacht worden.

Trainieren

1 Subtrahiere schriftlich.
Überschlage (Ü.:) vorher das Ergebnis und vergleiche anschließend mit deiner Rechnung.

Starthilfe

	3	6	8
–	2	4	3
	1	2	5

3 bis 8 ist 5
4 bis 6 ist 2
2 bis 3 ist 1

a) Ü.: 660 – 40 = ______

	6	6	3
–		4	2

b) Ü.: 1900 – 700 = ______

	1	9	0	4
–		7	0	3

c) Ü.: 9900 – 2100 = ______

	9	8	5	5
–	2	1	2	5

d) Ü.: ______ = ______

	8	1	3	7
–	6	1	0	6

e) Ü.: ______ = ______

	2	1	9	9	4
–		1	5	8	1

f) Ü.: ______ = ______

	5	6	7	8	8
–		6	4	2	7

2 Subtrahiere. Überschlage (Ü.:) vorher das Ergebnis und vergleiche anschließend mit deiner Rechnung. Achte auf Überträge.

Starthilfe

	6	2	2
–	1	9	1
	1		
	4	3	1

1 bis 2 ist 1
9 bis 12 ist 3 Übertrag 1
1 + 1 bis 6 ist 4

a) Ü.: ______ = ______

	7	1	4
–	3	7	0

b) Ü.: ______ = ______

	1	1	0	5
–		9	0	1

c) Ü.: ______ = ______

	8	0	4	0	9
–	3	0	1	2	6

d) Ü.: ______ = ______

	9	4	2
–	7	8	9

e) Ü.: ______ = ______

	1	0	2	7
–		4	4	7

f) Ü.: ______ = ______

	7	0	4	8	1
–	6	8	0	9	3

3 Subtrahiere mehrere Zahlen.
Überschlage (Ü.:) vorher das Ergebnis und vergleiche anschließend mit deiner Rechnung.
Achte auf Überträge.

Starthilfe

	6	2	0
−		1	1
−	1	4	2
	1	1	
	4	6	1

2 + 1 bis 10 ist 7 Übertrag 1
1 + 4 + 1 bis 12 ist 6 Übertrag 1
1 + 1 bis 6 ist 4

a) Ü.: ______ = ______

	6	8	6
−		1	4
−	2	5	1

b) Ü.: ______ = ______

	4	7	9	8
−	1	0	2	3
−		5	1	4

c) Ü.: ______ = ______

	8	9	1
−		5	3
−	2	1	5

d) Ü.: ______ = ______

	3	5	8	0
−		7	1	2
−	2	2	0	2

e) Ü.: ______ = ______

	9	6	2
−		8	5
−	4	7	9

f) Ü.: ______ = ______

	4	5	1	0
−	1	6	4	7
−		4	9	5

g) Ü.: ______ = ______

	5	5	5	5
−		6	6	6
−			7	7

h) Ü.: ______ = ______

	8	2	1	5
−		7	6	4
−	1	6	4	7

Anwenden und Vernetzen

4 Wer die Alpen mit dem Auto in Richtung Italien überqueren möchte, fährt über den Brenner. Der Brenner ist ein Grenzpass zwischen den Ländern Österreich und Italien und liegt in 1730 m Höhe.

a) Im Westen wird der Pass vom Sattelberg überragt. Dieser Berg gehört zu den Stubaier Alpen und ist 2115 m hoch. Im Osten liegt der 2776 m hohe Wolfendorn, der zu den Zillertaler Alpen zählt. Wie viel Meter überragen die Berge den Brennerpass jeweils?

______

______

b) Der Pass verbindet die Stadt München (519 m Höhe) mit der Stadt Bozen in Italien (262 m Höhe). Berechne daraus den Höhenunterschied insgesamt von München zum Brenner und vom Brenner nach Bozen.

______

______

______

______

Geld

▶ Grundwissen

- Geld ist eine Größe, die angibt, wie viel eine Sache wert ist.
- In Deutschland und vielen anderen Ländern Europas wird Geld in Euro (€) und Cent (ct) angegeben.
- 1 € = 100 ct
- Bei Geldbeträgen in Kommaschreibweise stehen Euro vor dem Komma und Cent dahinter.

Beispiele:

1.  1 € + 50 ct = 1,50 €
2.  75 ct = 0,75 €
3.  23 € + 50 ct = 23,50 €

Trainieren

1 Gib jeweils den Gesamtwert der Scheine und Münzen in Euro (€) und in Cent (ct) an.

Starthilfe 1 € = 100 ct

a) 

_____ € = _____ ct

b) 

_____ € = _____ ct

c) 

_____ € = _____ ct

d) 

_____ ct = _____ €

e) 

_____ ct = _____ €

f) 

_____ ct = _____ €

g) 

_____ € = _____ ct

h) 

_____ € = _____ ct

i) 

_____ € = _____ ct

2 Kati hat ihr Portmonee geleert und das Geld auf dem Tisch ausgelegt.

a) In Katis Portmonee waren _____ €.

b) Wie kann Kati folgende Beträge bezahlen? Gib jeweils mindestens zwei verschiedene Möglichkeiten an.

Starthilfe z. B.: 2 € = 1 € + 50 ct + 50 ct;
50 ct = 20 ct + 20 ct + 10 ct

7 € _____

5 € _____

3,25 € _____

1,44 € _____

0,97 € _____

0,66 € _____

3 Gib die Beträge mit möglichst wenigen Geldscheinen und Münzen an.

Starthilfe erst €, dann ct

a) 2,50 € ______ b) 17 € ______

c) 0,32 € ______ d) 1,45 € ______

e) 35,60 € ______ f) 0,89 € ______

g) 69,50 € ______ h) 76,07 € ______

i) 21,46 € ______ j) 10,93 € ______

4 Wandle um.

Starthilfe 0,55 € = 55 ct

Euro	0,55		0,29		0,01		0,48		1,50
Cent		37		84		9		99	

Euro	1,75		5,08		3,47		25,99		100,00
Cent		164		495		1281		3995	

5 Ordne die Geldbeträge nach der Größe.
Beginne mit dem kleinsten Betrag.

Starthilfe Rechne erst in Cent um.

a) 10 ct; 1 €; 0,01 €; 1,10 € 0,01 € (= 1 ct) ______

b) 55 ct; 0,50 €; 5 ct; 0,45 € ______

c) 0,08 €; 87 ct; 0,80 €; 78 ct ______

d) 2 €; 12 ct; 1,20 €; 100 ct ______

e) 330 ct; 3 €; 34 ct; 3,40 € ______

Anwenden und Vernetzen

6 Wie viel Wechselgeld bekommst du jeweils, wenn du mit dem abgebildeten Geld bezahlst?

Joghurt
0,27 €

______

Apfelschorle
1,25 €

______

Buch
7,49 €

______

Uhr

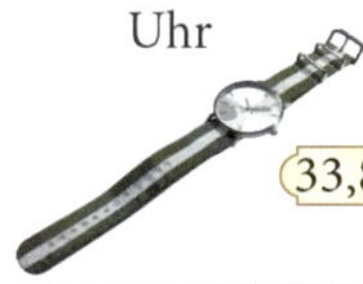

33,85 €

______

7 Kreuze an, welcher Preis oder welche Preise jeweils möglich sind.

a) Eine Kugel Eis kostet etwa … ☐ 12 ct ☐ 1 € ☐ 10 € ☐ 1,20 €

b) Ein Brot kostet ungefähr … ☐ 30 € ☐ 0,35 € ☐ 3,50 € ☐ 3 €

c) Ein Kinoticket kostet circa … ☐ 5 € ☐ 1,05 € ☐ 45,50 € ☐ 0,45 €

Zeit

▶ Grundwissen

Maßeinheiten der Zeit und ihre Umrechnungen

- Tag (d) 1 d = 24 h
- Stunde (h) 1 h = 60 min
- Minute (min) 1 min = 60 s
- Sekunde (s)

Ein Jahr hat 12 Monate und 365 Tage.
Ein Monat hat 28 bis 31 Tage (≈ 30 Tage).
Eine Woche hat 7 Tage.

Beispiele:

1. Rechne 5 Tage in Stunden um.
   5 d = 5 · 24 h = 120 h
2. Gib 360 Minuten in Stunden an.
   360 : 60 = 6; 360 min = 6 h
3. Berechne die Anzahl der Stunden einer Woche.
   1 Woche = 7 d = 7 · 24 h = 168 h

Trainieren

1 Ergänze Tage und Stunden.

Starthilfe 1 d = 24 h

a) 2 d = ____ h
b) ____ d = 72 h
c) 10 d = ____ h
d) ____ d = 120 h
e) 6 d = ____ h
f) ____ d = 360 h
g) 20 d = ____ h
h) ____ d = 224 h
i) 1 d 12 h = ____ h

2 Ergänze Stunden, Minuten und Sekunden.

Starthilfe 1 h = 60 min
1 min = 60 s

a) 2 h = ____ min
b) ____ h = 600 min
c) 5 h = ____ min
d) ____ h = 180 min
e) 1 h 30 min = ____ min
f) ____ h = 240 min
g) 2 h 30 min = ____ min
h) ____ h = 480 min
i) 2 min = ____ s
j) ____ min = 180 s
k) 10 min = ____ s
l) ____ min = 300 s
m) 5 min 30 s = ____ s
n) ____ min = 360 s
o) 9 min 30 s = ____ s

3 Rechne in die nächstkleinere Einheit um.

Starthilfe 1 d > 1 h > 1 min > 1 s

a) 1 d = ____ h
b) 1 h = ________
c) 1 min = ________
d) 2 d 12 h = ________
e) 6 h 10 min = ________
f) 3 min 20 s = ________
g) 5 d 6 h = ________
h) 10 h 5 min = ________
i) 7 min 1 s = ________
j) 20 d 20 h = ________
k) 9 h 40 min = ________
l) 12 min 12 s = ________

4 Rechne in die nächstgrößere Einheit um.

Starthilfe 1 s < 1 min < 1 h < 1 d

a) 120 s = ____ min
b) 180 min = ________
c) 48 h = ________
d) 240 s = ________
e) 360 min = ________
f) 240 h = ________
g) 90 s = ____ min ____ s
h) 150 min = ________
i) 30 h = ________
j) 615 s = ________
k) 490 min = ________
l) 130 h = ________

5 Ergänze Jahre, Monate, Wochen und Tage.

> **Starthilfe**
> 1 Jahr = 12 Monate
> 1 Monat ≈ 30 Tage (d)
> 1 Woche = 7 Tage (d)

a) 2 Jahre = ___ Monate
b) ___ Jahre = 48 Monate
c) 10 Jahre = ___ Monate
d) ___ Jahre = 240 Monate
e) 2 Jahre 6 Monate = ___ Monate
f) ___ Jahre ___ Monate = 50 Monate
g) 3 Monate ≈ ___ d
h) ___ Monate ≈ 60 d
i) 5 Monate ≈ ___ d
j) ___ Monate ≈ 240 d
k) 7 Monate 12 d ≈ ___ d
l) ___ Monate ___ d ≈ 325 d
m) 3 Wochen = ___ d
n) ___ Wochen = 70 d
o) 7 Wochen = ___ d
p) ___ Wochen = 84 d
q) 6 Wochen 4 d = ___ d
r) ___ Wochen ___ d = 60 d

Anwenden und Vernetzen

6 Ordne die jeweils passende Zeitspanne zu.

3 Monate | 1 s | 4 Jahre | 15 min | 18 Monate | 6 Wochen | 3 Tage | 14 Tage | 2 h | 3 min | 10 s | 9 h

a) einen Kilometer zu Fuß gehen: ___
b) die Sommerferien: ___
c) die Zahl „1“ schreiben: ___
d) Nachmittagsspaziergang mit den Eltern: ___
e) der Frühling: ___
f) deine Zeit als Grundschüler: ___
g) übers Wochenende verreisen: ___
h) ein Lied hören: ___
i) ein Haus bauen: ___
j) 50 m schnell rennen: ___
k) eine Nacht schlafen: ___
l) deine Herbstferien: ___

7 Mittags bei Familie Klein

___ Uhr ___ ___ ___

___ min ___ min ___ min

a) Trage über den Darstellungen die Zeitpunkte ein, die angezeigt werden.
Berechne dann die Zeitspannen dazwischen und trage sie unten zwischen den Darstellungen ein.

b) Schreibe zu den Bildern eine kurze Geschichte auf ein zusätzliches Blatt.

Masse

▶ Grundwissen

Maßeinheiten des Gewichts (der Masse) und ihre **Umrechnungen**

- Tonne (t) 1 t = 1000 kg
- Kilogramm (kg) 1 kg = 1000 g
- Gramm (g) 1 g = 1000 mg
- Milligramm (mg)

Umrechnen von Gewichtseinheiten:
- in die nächstkleinere Einheit: Rechne „ · 1000“.
- in die nächstgrößere Einheit: Rechne „ : 1000“.

Beispiele:

1. Gib 3 Tonnen in Kilogramm an.
   3 t = 3 · 1000 kg = 3000 kg
2. Schreibe 8,2 kg in g.
   8,2 kg = 8,2 · 1000 g = 8200 g
3. Gib 5000 kg in t an.
   5000 : 1000 = 5; 5000 kg = 5 t

Trainieren

1 Rechne in die nächstkleinere Einheit um.

Starthilfe 1 t > 1 kg > 1 g > 1 mg
je Einheit „ · 1000“

a) 1 t = ______ kg b) 1 kg = ______ c) 1 g = ______
d) 4 t = ______ e) 7 kg = ______ f) 5,3 g = ______
g) 2,5 t = ______ h) 12 kg = ______ i) 22,8 g = ______
j) 3 t 200 kg = ______ k) 2 kg 500 g = ______ l) 8 g 750 mg = ______
m) 9,25 g = ______ n) 15,6 kg = ______ o) 33,425 mg = ______
p) 4 g 90 mg = ______ q) 60 kg 500 g = ______ r) 400 t 900 kg = ______

2 Rechne in die nächstgrößere Einheit um.

Starthilfe 1 mg < 1 g < 1 kg < 1 t
je Einheit „ : 1000“

a) 1000 mg = ______ g b) 1000 g = ______ c) 1000 kg = ______
d) 2000 mg = ______ e) 8000 g = ______ f) 6500 kg = ______
g) 7200 mg = ______ h) 14 000 g = ______ i) 81 000 kg = ______
j) 3250 kg = ______ k) 5620 mg = ______ l) 1180 g = ______
m) 13 080 kg = ______ n) 340 250 mg = ______ o) 22 075 g = ______
p) 1500 mg = ___ g ___ mg q) 2500 g = ___ kg ___ r) 9200 kg = ___ t ___

3 Immer drei Gewichte sind gleich schwer.
Markiere die zusammengehörenden Gewichte mit der gleichen Farbe.

Starthilfe 25 · 1000 = 25 000
25 000 : 1000 = 25

2500 kg	250 000 t	25 000 000 mg	25 kg	2 500 000 g
25 000 g	0,25 t		2 t 500 kg	250 kg

4 Ordne die Gewichte nach der Größe.
Beginne mit dem kleinsten Wert.

Starthilfe	Rechne erst in eine gemeinsame Einheit um. Verwende die Zeile darunter.

a) 1500 g; 20 kg; 0,5 t; 1 kg   1 kg < ________

b) 6,5 kg; 650 g; 6500 mg; 65 000 g

c) 3,9 t; 4,4 kg; 39 000 g; 0,4 kg

d) 11 000 mg; 0,1 kg; 11 000 g; 100 mg; 0,11 g

Anwenden und Vernetzen

5 Prüfe, ob die Waagen im Gleichgewicht sind. Ergänze gegebenenfalls fehlende Gewichte für das Gleichgewicht.

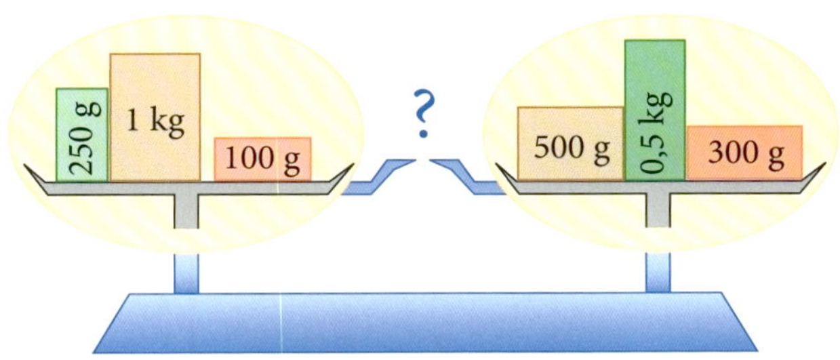

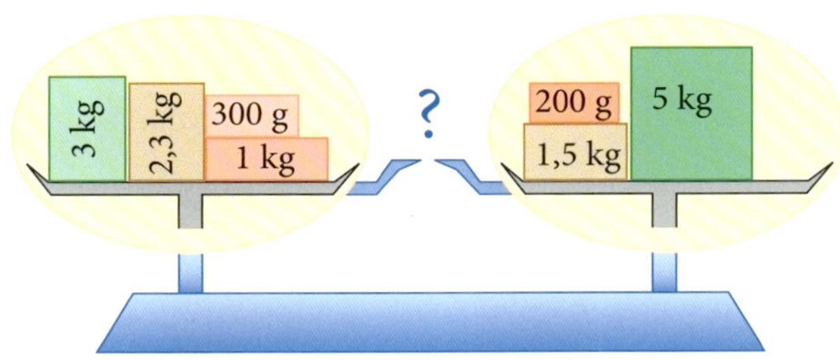

6 Gegenstände und ihre Gewichte

Einfamilienhaus | Ring | Tasse | Stuhl

Esstisch | 1 l-Wasserflasche | Auto

a) Sortiere die Gegenstände nach ihrem Gewicht.
Trage in die erste Spalte der Tabelle ein.

Starthilfe	Suche den leichtesten Gegenstand. Streiche dann ab und suche erneut.

b) Ordne in Spalte 2 die passenden Gewichte zu.

Starthilfe	Streiche ab.

8 g | 4 kg | 1,05 kg | 170 g | 1,3 t | 50 kg | 200 t

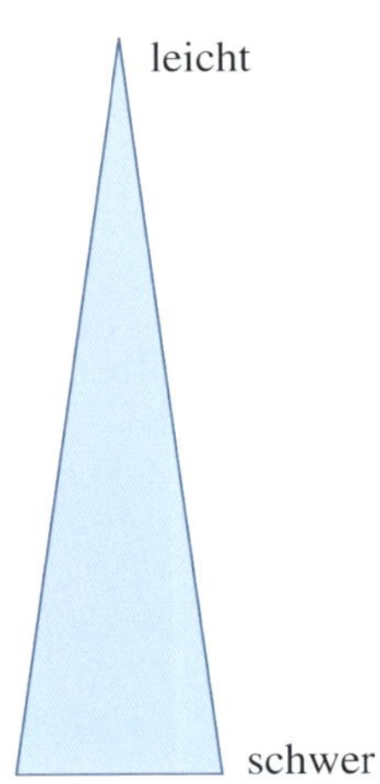

Gegenstand	Gewicht

Länge

▶ Grundwissen

Maßeinheiten der Länge und ihre **Umrechnungen**

- Kilometer (km) 1 km = 1000 m
- Meter (m) 1 m = 10 dm
- Dezimeter (dm) 1 dm = 10 cm
- Zentimeter (cm) 1 cm = 10 mm
- Millimeter (mm)

Beispiele:

1. Rechne 4,1 km in m um.
   4,1 km = 4,1 · 1000 m
   = 4100 m

2. Gib 12 m in cm an.
   12 m = 12 · 10 dm
   = 120 · 10 cm
   = 1200 cm

3. Schreibe 621 mm in dm.
   621 mm = 621 : 10 cm
   = 62,1 : 10 dm
   = 6,21 dm

Trainieren

1 Rechne in die nächstkleinere Einheit um.

Starthilfe 1 km > 1 m > 1 dm > 1 cm > 1 mm
km → m: „ · 1000“; sonst je Einheit „ · 10“

a) 3 km = ______ m b) 9 km = ______ c) 18 km = ______

d) 1,5 km = ______ e) 0,2 km = ______ f) 24,5 km = ______

g) 5 m = ______ h) 6 dm = ______ i) 8 cm = ______

j) 17 m = ______ k) 43 dm = ______ l) 98 cm = ______

m) 1,3 m = ______ n) 0,9 dm = ______ o) 14,1 cm = ______

p) 4 km 220 m = ______ m q) 7 m 3 dm = ______ r) 18 cm 5 mm = ______

2 Rechne in die nächstgrößere Einheit um.

Starthilfe 1 mm < 1 cm < 1 dm < 1 m < 1 km
je Einheit „ : 10“; (außer m → km: „ : 1000“)

a) 40 mm = ______ cm b) 70 cm = ______ c) 50 dm = ______

d) 160 mm = ______ e) 350 cm = ______ f) 900 dm = ______

g) 75 mm = ______ h) 32 cm = ______ i) 265 dm = ______

j) 2000 m = ______ km k) 6000 m = ______ l) 25 000 m = ______

m) 1400 m = ______ n) 9300 m = ______ o) 40 510 m = ______

p) 26 mm = ___ cm ___ mm q) 58 dm = ___ m ___ r) 6035 m = ___ km ___

3 Ordne die passenden Längen einander zu.

Starthilfe Suche rechts die nächstgrößere Einheit, dann den Wert.

3100 dm →	3100 m	0,31 km
310 mm	310 m	31 dm
31 000 dm	310 cm	3,1 m
310 dm	31 cm	3,1 km
3100 dm	31 m	0,031 km

4 Streckenlängen

a) Zeichne Strecken mit 5 mm, 5 cm und 1 dm. Wie können diese Längen miteinander verglichen werden?

Stell dir dann eine 1 m lange Strecke vor. Wie kannst du die Länge beschreiben?

b) Miss die Längen der Strecken. Schreibe sie jeweils so daran, wie sie in den Lösungen zum Abstreichen stehen.

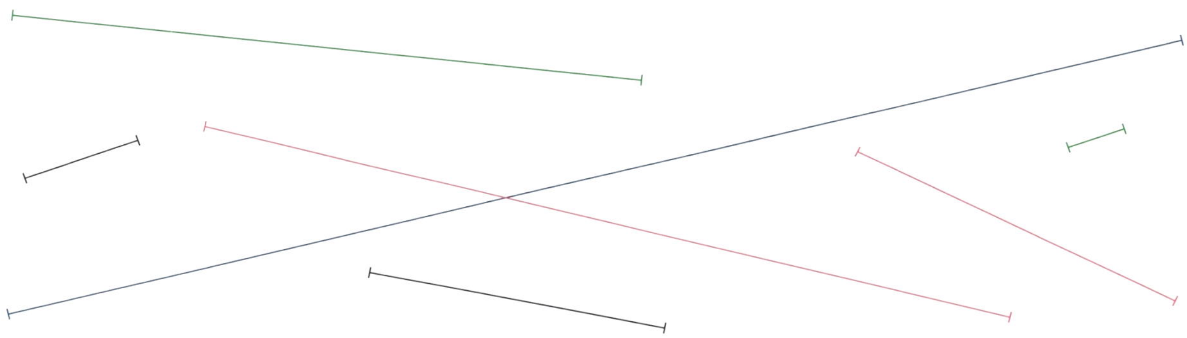

Lösungen zum Abstreichen:
0,4 dm   0,8 cm   1,6 dm   8,4 cm   16 mm   47 mm

c) Kreuze an, welche Streckenlängen nicht auf diese Seite passen würden.

- ☐ 290 mm
- ☐ 0,5 m
- ☐ 1,1 km
- ☐ 2,5 dm
- ☐ 19,7 m
- ☐ 36 mm
- ☐ 0,2 m
- ☐ 280 cm

Starthilfe

Anwenden und Vernetzen

5 Können die Aussagen stimmen? Kreuze alle an, die wahr sein können.

- ☐ Ein Fahrrad ist etwa 500 mm lang.
- ☐ Ein erwachsener Mensch hat eine Größe von etwa 180 cm.
- ☐ Eine Zimmertür ist ungefähr 9 dm breit.
- ☐ Die Gesamtstrecke bei einem Marathonlauf beträgt ca. 4200 m.
- ☐ Beim Hochsprung wird die Latte auf eine Höhe von etwa 0,01 km gelegt.
- ☐ Ein Filzstift ist etwa 1,7 dm lang.
- ☐ Ein Fußballtor hat eine Breite von ungefähr 0,2 km.
- ☐ Schwimmbahnen sind meistens 2500 cm lang. Für den Leistungssport müssen sie 0,05 km Länge haben.

6 In Baumärkten wird die Länge von Brettern und Leisten meist in mm angegeben.
Herr Kunze benötigt 15,40 m Fußleisten. Eine Leiste ist 2000 mm lang. Wie viele Leisten muss Herr Kunze kaufen?

Im Kopf multiplizieren und dividieren

▶ Grundwissen

Multiplizieren bedeutet malnehmen oder vervielfachen.
Die Begriffe rechts solltest du kennen.

Beispiel: $4 \cdot 11$

Produkt				
4	·	11	=	44
1. Faktor		2. Faktor		Wert des Produktes

Dividieren bedeutet teilen, aufteilen oder verteilen.
Die Begriffe rechts solltest du kennen.

Beispiel: $100 : 5$

Quotient				
100	:	5	=	20
Dividend		Divisor		Wert des Quotienten

Trainieren

1 Multipliziere im Kopf.

Starthilfe $6 \cdot 13$; z. B.: Erst die Zehner multiplizieren: $6 \cdot 10 = 60$,
dann die Einer multiplizieren: $6 \cdot 3 = 18$,
dann beides addieren: $60 + 18 = 78$

a) $3 \cdot 5 =$ ____ $6 \cdot 8 =$ ____ $4 \cdot 6 =$ ____ $7 \cdot 9 =$ ____
$9 \cdot 8 =$ ____ $8 \cdot 7 =$ ____ $7 \cdot 6 =$ ____ $9 \cdot 6 =$ ____

b) $4 \cdot 10 =$ ____ $5 \cdot 20 =$ ____ $3 \cdot 30 =$ ____ $8 \cdot 20 =$ ____
$6 \cdot 50 =$ ____ $7 \cdot 70 =$ ____ $11 \cdot 40 =$ ____ $12 \cdot 60 =$ ____

c) $2 \cdot 14 =$ ____ $4 \cdot 13 =$ ____ $7 \cdot 11 =$ ____ $9 \cdot 12 =$ ____
$5 \cdot 16 =$ ____ $3 \cdot 18 =$ ____ $4 \cdot 17 =$ ____ $5 \cdot 19 =$ ____

d) $3 \cdot 21 =$ ____ $4 \cdot 51 =$ ____ $5 \cdot 42 =$ ____ $3 \cdot 35 =$ ____
$4 \cdot 32 =$ ____ $6 \cdot 24 =$ ____ $7 \cdot 31 =$ ____ $8 \cdot 55 =$ ____

2 Ergänze die Multiplikationsmauern.

Starthilfe [48] ← [8 | 6] $8 \cdot 6 = 48$

a) Unterste Reihe: 5 | 1 | 2 | 3

b) Unterste Reihe: 1 | 2 | 2 | 10

c) Unterste Reihe: 5 | 2 | 1 | 7

d) Unterste Reihe: 6 | 5 | 3

e) Unterste Reihe: 12 | 2 | 4

f) Unterste Reihe: 13 | 5 | 20

3 Dividiere im Kopf.
Rechne anschließend im Kopf die Probe.

Starthilfe c) 56 : 4; z. B. Zerlegen: 40 : 4 = 10
16 : 4 = 4
14

a) 24 : 3 = ___	18 : 6 = ___	48 : 8 = ___	35 : 7 = ___
56 : 8 = ___	81 : 9 = ___	42 : 6 = ___	28 : 4 = ___
b) 80 : 4 = ___	250 : 5 = ___	180 : 3 = ___	240 : 6 = ___
360 : 9 = ___	210 : 3 = ___	450 : 5 = ___	640 : 8 = ___
c) 52 : 4 = ___	70 : 5 = ___	108 : 9 = ___	105 : 7 = ___
108 : 6 = ___	136 : 8 = ___	147 : 7 = ___	160 : 5 = ___
d) 120 : 60 = ___	250 : 50 = ___	320 : 80 = ___	810 : 90 = ___
8000 : 2000 = ___	3500 : 500 = ___	100 : 25 = ___	1400 : 200 = ___

4 Ergänze die Divisionsmauern.

Starthilfe [15] / [3][5] 15 : 3 = 5

a)

500			
10	___		
2	___	___	
2	___	___	___

b)

128			
8	___		
4	___	___	
2	___	___	___

c)

1500			
15	___		
3	___	___	
3	___	___	___

d)

880		
220	___	
110	___	___

e)

6000		
60	___	
15	___	___

f)

1400		
20	___	
4	___	___

Anwenden und Vernetzen

5 Zahlenrätsel
Trage bei jedem Rechenausdruck die Nummer des passenden Rätsels ein. Ergänze dort fehlende Angaben.

① Durch welche Zahl muss 84 dividiert werden, um 7 zu erhalten?

② Welche Zahl muss mit 8 multipliziert werden, um 104 zu erhalten?

③ Wie oft muss man 17 vervielfältigen, um die Zahl 119 herauszubekommen?

◯ 17 · 8 = ___

◯ ___ · 8 = 104

◯ 84 · ___ = 7

◯ 112 : 7 = ___

◯ 17 · ___ = 119

◯ 112 : ___ = 8

④ Auf wie viele Personen muss 112 aufgeteilt werden, damit jeder 8 erhält?

⑤ Welchem Wert entspricht der Quotient aus den Zahlen 112 und 7?

⑥ Welches Ergebnis erhält man, wenn das Produkt aus 17 und 8 gebildet wird?

Schriftlich multiplizieren

▶ Grundwissen

Vorher solltest du stets einen Überschlag rechnen.

- Bei der schriftlichen Multiplikation mit mehrstelligen Zahlen wird nacheinander mit den ... Hundertern, Zehnern, Einern des zweiten Faktors multipliziert.
- Die Zwischenergebnisse werden dann schriftlich addiert.

Vergleiche das Ergebnis mit dem Überschlag.

Beispiel:

231 · 134
Überschlag: z. B.
200 · 100 = 20 000

				H	Z	E
2	3	1	·	1	3	4
		2	3	1	0	0
	+		6	9	3	0
	+			9	2	4
		1	1			
		3	0	9	5	4

Trainieren

1 Multipliziere schriftlich.
Überschlage vorher das Ergebnis und vergleiche anschließend mit deiner Rechnung.

Starthilfe Überträge merken und bei der Stelle links addieren.

a) Ü.: 300 · 3 = ______
3 2 1 · 3

b) Ü.: 4000 · 2 = ______
4 1 3 4 · 2

c) Ü.: 2000 · 3 = ______
2 1 3 1 · 3

d) Ü.: 5000 · 2 = ______
5 3 2 4 · 2

e) Ü.: ______ = ______
1 4 2 · 4

f) Ü.: ______ = ______
1 7 1 · 5

g) Ü.: ______ = ______
1 0 1 7 · 7

h) Ü.: ______ = ______
2 4 0 8 · 6

2 Multipliziere schriftlich.
Überschlage vorher das Ergebnis und vergleiche anschließend mit deiner Rechnung.
Achte auf Überträge.

Starthilfe

2	1	6	·	3	4
		6	4	8	0
	+		9	0	4
		1			
		7	3	8	4

a) Ü.: ______ = ______
4 3 · 1 2

b) Ü.: ______ = ______
3 2 3 · 3 1

c) Ü.: ______ = ______
4 0 4 · 2 5

d) Ü.: ______ = ______
5 2 4 · 4 2

e) Ü.: ______ = ______
7 0 5 · 3 8

f) Ü.: ______ = ______
1 4 6 · 8 2

g) Ü.: ______ = ______
8 0 9 · 6 5

h) Ü.: ______ = ______
2 4 5 · 4 9

3 Multipliziere schriftlich.

Starthilfe
1. Überschlag
2. Zahlen stellengerecht schreiben
3. Übertrag beachten

a) Ü.: ________ = ________

$32 \cdot 213$

b) Ü.: ________ = ________

$57 \cdot 132$

c) Ü.: ________ = ________

$29 \cdot 325$

d) Ü.: ________ = ________

$34 \cdot 607$

e) Ü.: ________ = ________

$82 \cdot 425$

f) Ü.: ________ = ________

$26 \cdot 538$

g) Ü.: ________ = ________

$74 \cdot 976$

h) Ü.: ________ = ________

$97 \cdot 685$

4 Ergänze die fehlenden Ziffern.

Starthilfe a) $3 \cdot 2 = ■$; $3 \cdot 6 = ■$

a)

6	2	·	3	4
+		8		0
+			4	8
	1	1		
		1		8

b)

3		7	·	4	5
+		2		8	0
+			5	3	
			1		
			8		

c)

2	8	·	7		3
+			6	0	0
+			2	8	0
+					
			1		

d)

6	5	·	8		
+				0	0
+		1		0	0
+			5		0
				2	0

Anwenden und Vernetzen

5 Der menschliche Körper

a) Das Herz pumpt pro Minute etwa 4 Liter Blut durch den Körper. Wie viel Liter Blut pumpt es dann pro Tag ungefähr?

____

b) Beim Joggen atmet der Mensch pro Minute ca. 36 Liter Luft ein und aus. Wie viel Luft ergibt das, wenn der Lauf 45 Minuten dauert?

____

c) Das Herz muss beim Joggen ungefähr 140-mal in der Minute schlagen. Wie viele Herzschläge ergibt das bei einem Lauf von 75 Minuten Dauer?

____

Schriftlich dividieren

▶ Grundwissen

- Bei der schriftlichen Division wird der Dividend (die zu teilende Zahl) schrittweise zerlegt und dividiert.
- Hat die letzte Differenz den Wert 0, gibt es keinen Rest.
- Das Ergebnis kann mithilfe einer Probe (Umkehraufgabe) überprüft werden.

Beispiel:

1. 8628 : 6

```
T H Z E          T H Z E
8 6 2 8 : 6 =    1 4 3 8
-6
 2 6              Probe:
-2 4              1 4 3 8 · 6
   2 2            ---------
  -1 8              8 6 2 8
     4 8
    -4 8
       0
```

2. 1333 : 31

Erst 133 Zehner können durch 31 geteilt werden.

```
T H Z E           Z E
1 3 3 3 : 3 1 =   4 3
-1 2 4
     9 3      Probe:
    -9 3      4 3 · 3 1
       0        1 2 9 0
            +       4 3
                  1
             ----------
                1 3 3 3
```

Trainieren

1 Ergänze die fehlenden Ziffern.

Starthilfe c) Erst 13 Hunderter sind durch 4 teilbar.

a)
```
8 9 4 : 6 = 1 __ __
-6
 __ __              Probe: 1 __ __ · 6
-2 4                       __ __ __
   __ __
  -__ __
       0
```

b)
```
3 4 2 4 : 1 6 = __ 1 __
-3 2
   __ __            Probe: __ 1 __ · 1 6
  -__ __                   __ __ __ 0
      6 __               + __ __ __ __
     -__ __              -------------
         0                 3 4 2 4
```

c)
```
1 3 4 4 : 4 = 3 __ __
-1 2
   __ __            Probe: 3 __ __ · 4
  -1 2                     __ __ __ __
      __ __
     -__ __
          0
```

d)
```
1 5 7 5 : 6 3 = 2 __
-1 __
  __ __ __          Probe: 2 __ · 6 3
 -__ __ __                 __ __ 0
          0              +    __ __
                         ---------
                           1 __ __ 5
```

2 Dividiere schriftlich. Denke an die Probe.

Starthilfe b) Erst 24 Zehner sind durch 7 teilbar.

a)
```
6 4 4 : 4 =
-
                    Probe: ______ · 4
-

-
```

b)
```
2 4 5 : 7 =
-
                    Probe: ______ · 7
-
```

c)
```
6 7 2 : 1 4 =

                    Probe:
```

d)
```
8 0 5 : 3 5 =

                    Probe:
```

3 Dividiere. Überprüfe anschließend das Ergebnis mithilfe einer Probe.

Starthilfe a) Erst 73 Hunderter sind durch 8 teilbar.

a) 7 3 9 2 : 8 =

Probe:

b) 6 5 3 4 : 9 =

Probe:

c) 9 6 3 0 : 4 5 =

Probe:

d) 4 0 9 2 : 3 3 =

Probe:

Anwenden und Vernetzen

4 Herr Groß ist Fliesenleger. Für einen Auftrag prüft er Fliesenangebote.

Bodenfliese
„Toskana"
Inhalt: 24 Stück
Preis: 5,69 €

Bodenfliese
„Terrakotta Spezial"
Inhalt: 15 Stück
Preis: 7,39 €

a) Von den Bodenfliesen „Toskana" würde Herr Groß 1252 Fliesen benötigen, von den etwas größeren Bodenfliesen „Terrakotta Spezial" nur 654.
Wie viele Pakete wären das jeweils?

Starthilfe

```
 3 1 9 : 2 6 = 1 2
-2 6
   5 9
  -5 2
     7
```

319 : 26 = 12 Rest 7

b) Welche Fliesensorte wäre für den Fliesenleger preiswerter?
Rechne in Centbeträgen und gib dann in Euro an.

Rechenregeln sinnvoll anwenden

▶ Grundwissen

- Vorrangregeln:
  1. Was in Klammern steht, wird zuerst berechnet.
  2. Punktrechnung geht vor Strichrechnung.
- In einem Produkt dürfen die Faktoren vertauscht werden (Kommutativgesetz).
- In einem Produkt dürfen die Faktoren beliebig mit Klammern zusammengefasst werden (Assoziativgesetz).
- Auflösen von Klammern:
  $(a+b)\cdot c = a\cdot c + b\cdot c$ bzw. $(a-b)\cdot c = a\cdot c - b\cdot c$ (Distributivgesetz der Multiplikation)
  $(a+b):c = a:c + b:c$ bzw. $(a-b):c = a:c - b:c$ (Distributivgesetz der Division); $c \neq 0$

Beispiele:
$3\cdot(5+4) = 3\cdot 9 = 27$
$5 + 10\cdot 3 = 5 + 30 = 35$

$500\cdot 2 = 2\cdot 500 = 1000$

$7\cdot 2\cdot 50 = 7\cdot(2\cdot 50) = 7\cdot 100 = 700$

$(5+4)\cdot 2 = 5\cdot 2 + 4\cdot 2 = 10 + 8 = 18$

$(48-16):4 = 48:4 - 16:4 = 12 - 4 = 8$

Trainieren

1 Beachte die Vorrangregeln.

Starthilfe Klammern zuerst! Punktrechnung vor Strichrechnung!

a) $(15+10)\cdot 3 =$ $25\cdot$ ____ $=$ ____ $15 + 10\cdot 3 =$ $15 +$ ____ $=$ ____

b) $(26-6)\cdot 4 =$ ____ $26 - 6\cdot 4 =$ ____

c) $7\cdot(11+9) =$ ____ $7\cdot 11 + 9 =$ ____

d) $100:(10-6) =$ ____ $100:10 - 6 =$ ____

e) $(42-6):6 =$ ____ $42 - 6:6 =$ ____

f) $(90+20)\cdot 2 =$ ____ $90 + 20\cdot =$ ____

g) $(50+30):10 =$ ____ $50 + 30:10 =$ ____

2 Berechne. Vertausche zuerst die Faktoren, wenn es sich so einfacher rechnen lässt.

Starthilfe $31\cdot 3 = 3\cdot 31 = 9$

a) $14\cdot 5 =$ ____ $=$ ____ b) $45\cdot 2 =$ ____ c) $105\cdot 3 =$ ____

d) $61\cdot 4 =$ ____ e) $125\cdot 4 =$ ____ f) $81\cdot 6 =$ ____

g) $99\cdot 3 =$ ____ h) $250\cdot 8 =$ ____ i) $50\cdot 9 =$ ____

3 Berechne. Fasse vorher zusammen, was sich leicht berechnen lässt.

Starthilfe $7\cdot 2\cdot 50 = 7\cdot(2\cdot 50) = 7\cdot 100 = 700$

a) $16\cdot 2\cdot 5 =$ ____ b) $5\cdot 4\cdot 13 =$ ____

c) $25\cdot 4\cdot 9 =$ ____ d) $68\cdot 5\cdot 22 =$ ____

e) $50\cdot 2\cdot 8 =$ ____ f) $20\cdot 5\cdot 85 =$ ____

g) $49\cdot 10\cdot 10 =$ ____ h) $4\cdot 250\cdot 11 =$ ____

4 Färbe Aufgaben, die das gleiche Ergebnis haben, mit der gleichen Farbe. Berechne jeweils die leichtere Aufgabe und schreibe das Ergebnis darunter.

Starthilfe $(250 \cdot 78) \cdot 4 = 78 \cdot (4 \cdot 250)$
$= 78\,000$

$(500 \cdot 27) \cdot 2$	$98 \cdot (4 \cdot 25)$	$(250 \cdot 49) \cdot 4$	$(8 \cdot 125) \cdot 63$	$25 \cdot 98 \cdot 4$
$(5 \cdot 200) \cdot 56$	$125 \cdot 63 \cdot 8$	$(2 \cdot 500) \cdot 27$	$(200 \cdot 56) \cdot 5$	$49 \cdot (4 \cdot 250)$

5 Löse zuerst die Klammern auf.

Starthilfe $(50 - 2) \cdot 3 = 50 \cdot 3 - 2 \cdot 3 = 150 - 6 = 144$

a) $(14 + 51) \cdot 2 =$ ______ b) $(22 - 5) \cdot 3 =$ ______

c) $(7 + 12) \cdot 5 =$ ______ d) $(15 - 4) \cdot 4 =$ ______

e) $(42 + 64) : 2 =$ ______ f) $(24 - 18) : 6 =$ ______

g) $(72 + 40) : 8 =$ ______ h) $(99 - 54) : 9 =$ ______

6 Rechne vorteilhaft.

Starthilfe $17 \cdot 13 - 17 \cdot 3 = 17 \cdot (13 - 3) = 17 \cdot 10 = \ldots$

a) $19 \cdot 2 + 19 \cdot 8 =$ ______ b) $8 \cdot 13 - 8 \cdot 3 =$ ______

c) $25 \cdot 9 + 75 \cdot 9 =$ ______ d) $20 \cdot 18 - 19 \cdot 18 =$ ______

e) $7 \cdot 55 + 7 \cdot 45 =$ ______ f) $6 \cdot 125 - 6 \cdot 25 =$ ______

g) $98 \cdot 5 + 2 \cdot 5 =$ ______ h) $33 \cdot 99 - 23 \cdot 99 =$ ______

Anwenden und Vernetzen

7 Ergänze die Rechenzeichen.
Nutze jeweils die Zeichen darunter zum Abstreichen.

Starthilfe Beachte: Punktrechnung vor Strichrechnung!

a)	b)	c)
12 ☐ 4 ☐ 2 = 50	18 ☐ 9 ☐ 3 = 24	100 ☐ 20 ☐ 4 = 76
12 ☐ 4 ☐ 2 = 1	18 ☐ 9 ☐ 3 = 6	100 ☐ 20 ☐ 4 = 180
12 ☐ 4 ☐ 2 = 14	18 ☐ 9 ☐ 3 = 159	100 ☐ 20 ☐ 4 = 105
12 ☐ 4 ☐ 2 = 4	18 ☐ 9 ☐ 3 = 21	100 ☐ 20 ☐ 4 = 20
+ + − − · · : :	+ + − − · · : :	+ + − − · · : :

8 Verbinde jedes Rechengesetz mit der Aufgabe, in der das Gesetz verwendet wurde.

Starthilfe Vergleiche mit dem Kasten „Grundwissen".

Kommutativgesetz	Assoziativgesetz	Distributivgesetz	Klammern zuerst	Punkt- vor Strichrechnung
$11 \cdot 5 + 9 \cdot 5 = (11 + 9) \cdot 5$	$2 \cdot 10 = 10 \cdot 2$	$8 - 4 : 2 = 8 - 2$	$7 \cdot 5 \cdot 2 = 7 \cdot (5 \cdot 2)$	$(4 + 2) \cdot 5 = 6 \cdot 5$

Umfänge von Rechtecken und Quadraten

▶ Grundwissen

Wenn man die Längen aller Seiten einer Fläche addiert, erhält man den Umfang u der Fläche.

Rechteck

$u = a + b + a + b$
$u = 2 \cdot a + 2 \cdot b$
$u = 2 \cdot (a + b)$

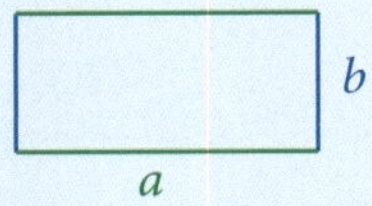

Quadrat

$u = a + a + a + a$
$u = 4 \cdot a$

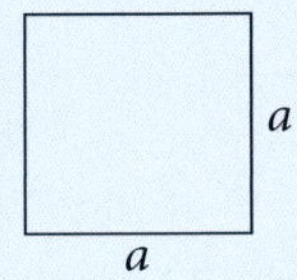

Beispiele:
1. Rechteck mit $a = 2\,\text{cm}$, $b = 1\,\text{cm}$
   $u = 2 \cdot (2\,\text{cm} + 1\,\text{cm}) = 2 \cdot 3\,\text{cm}$
   $u = 6\,\text{cm}$
2. Quadrat mit $a = 15\,\text{mm}$
   $u = 4 \cdot 15\,\text{mm}$
   $u = 60\,\text{mm} = 6\,\text{cm}$

Trainieren

1 Gib zuerst die Seitenlängen an.
Berechne danach die Umfänge und gib sie in cm an.

Starthilfe 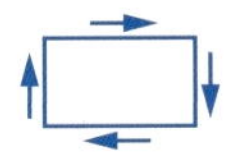 Umfang kann man als „Umrundung" auffassen.

a) Umfänge von Rechtecken

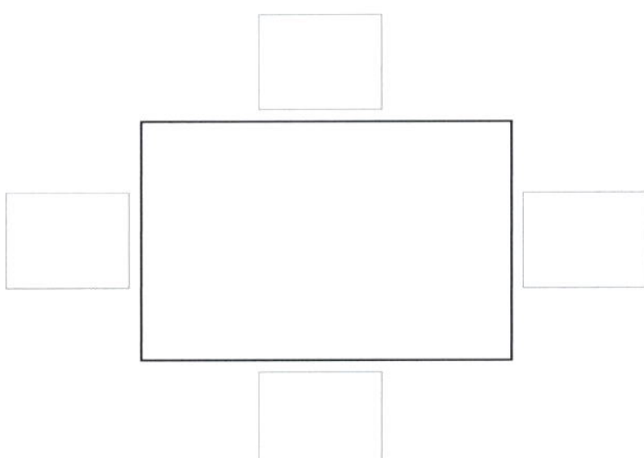

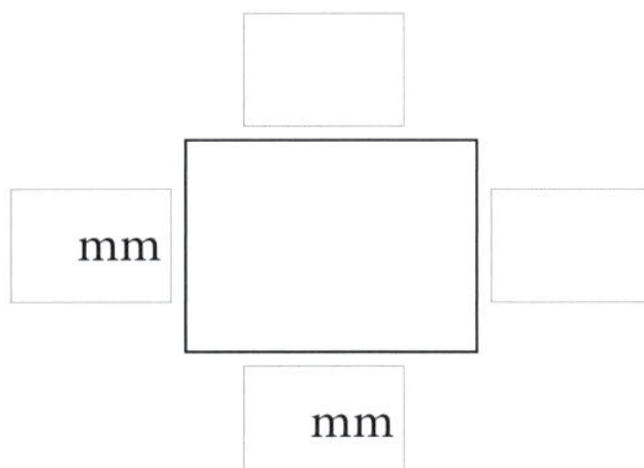

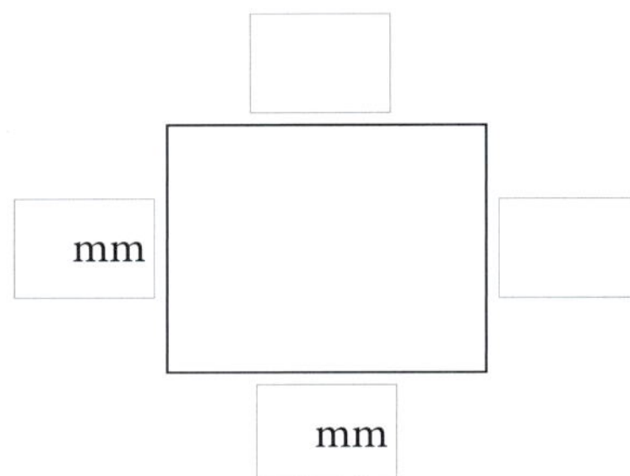

$u = 3\,\text{cm} + 2\,\text{cm} +$ ______ $u = 2 \cdot$ ____ $\text{mm} + 2 \cdot$ ____ mm $u = 2 \cdot ($ ______ $)$

$u =$ ______ $u =$ ______ $u =$ ______

b) Umfänge von Quadraten

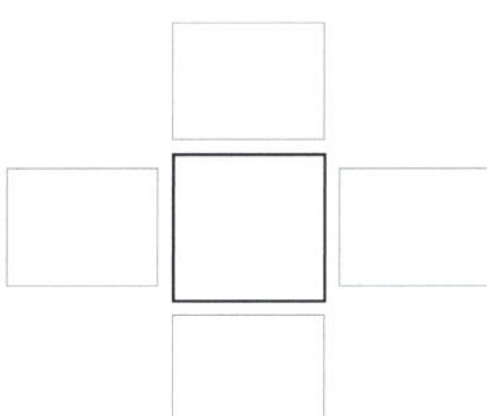

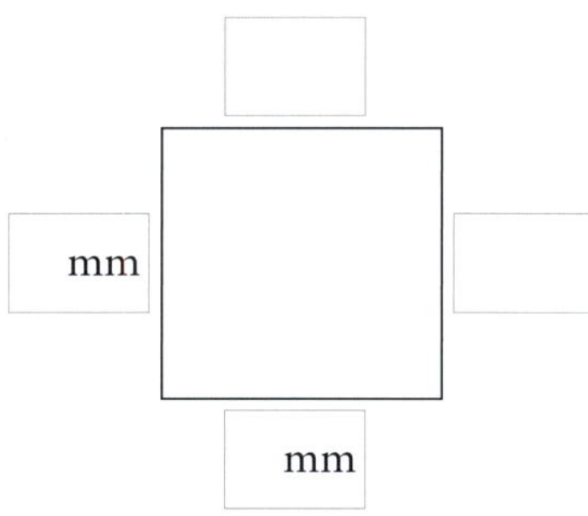

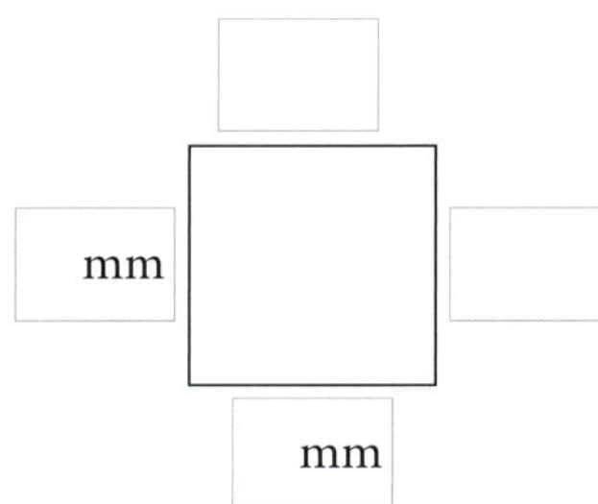

$u = 4 \cdot$ ____ $=$ ____ $u =$ ______ $u =$ ______

2 Berechne die Umfänge der Rechtecke.

Starthilfe $u = 2 \cdot (a + b)$

	①	②	③	④	⑤	⑥
Länge a	5 cm	4 cm	10 mm	3,5 m	25 m	3,1 cm
Breite b	10 cm	9 cm	14 mm	1,5 m	16 m	1,2 cm
Umfang u						

3 Berechne die Umfänge der Quadrate.

Starthilfe $u = 4 \cdot a$

	①	②	③	④	⑤	⑥
Länge a	8 cm	15 cm	21 mm	6,5 m	130 m	9,2 cm
Umfang u						

4 Mit einer 2 m langen Schnur wurden Figuren gelegt.
Welche der Aussagen können stimmen, welche sind falsch? Kreuze an.
Begründe jeweils mithilfe einer Rechnung.

Starthilfe Lege die Figuren selbst mit einer entsprechenden Schnur.

„Ich habe mit der Schnur ein Quadrat mit 60 cm langen Seiten gelegt.“ ☐ richtig ☐ falsch

„Ich habe ein Rechteck mit 20 cm und 80 cm langen Seiten gelegt.“ ☐ richtig ☐ falsch

„Ich habe ein Quadrat mit 0,5 m langen Seiten gelegt.“ ☐ richtig ☐ falsch

„Ich habe ein Rechteck gelegt. Die Seiten sind 30 cm, 70 cm, 40 cm und 60 cm lang.“ ☐ richtig ☐ falsch

5 Ermittle von jedem Rechteck die jeweils fehlende Seitenlänge.

Starthilfe $u : 2 = a + b$
① 10 cm = 6 cm + ▒ cm

	①	②	③	④	⑤	⑥
Länge a	6 cm		12 cm		50 m	
Breite b		7 cm		15 m		12,5 dm
Umfang u	20 cm	30 cm	44 cm	60 m	280 m	40 dm

Anwenden und Vernetzen

6 Eine Parkanlage befindet sich in der Planung. Eine grobe Skizze ist rechts dargestellt. Pro 10 m Länge soll außen entlang jeweils eine Bank stehen. Die Bänke wurden bestellt.

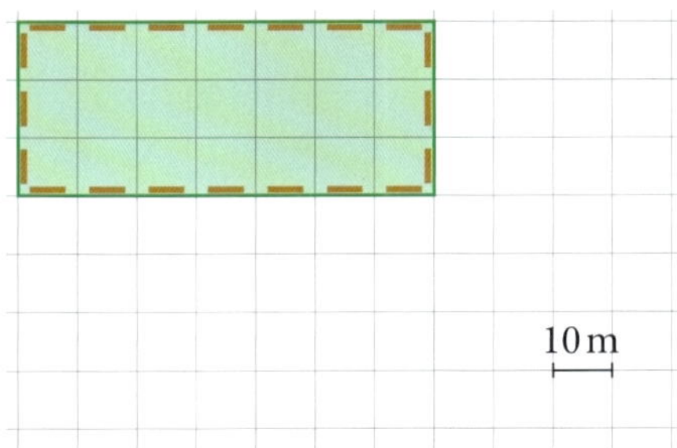

a) Berechne den Umfang der Fläche und gib die Anzahl der Bänke an.

b) Gibt es auch eine Möglichkeit, den Park quadratisch anzulegen?
Alle Bänke sollen dabei verwendet werden. Gib die Seitenlängen an und skizziere.

c) Zeichne weitere Möglichkeiten ein, wie eine rechteckige Parkfläche angelegt werden könnte.
Gib die Seitenlängen an.

Flächen vergleichen

▶ Grundwissen

Die Größen verschiedener Flächen kann man vergleichen, indem man sie in gleich große Flächen, z. B. Kästchen im Heft, unterteilt.

Beispiel:
Alle gelben Flächen haben die gleiche Größe (4 Kästchen).

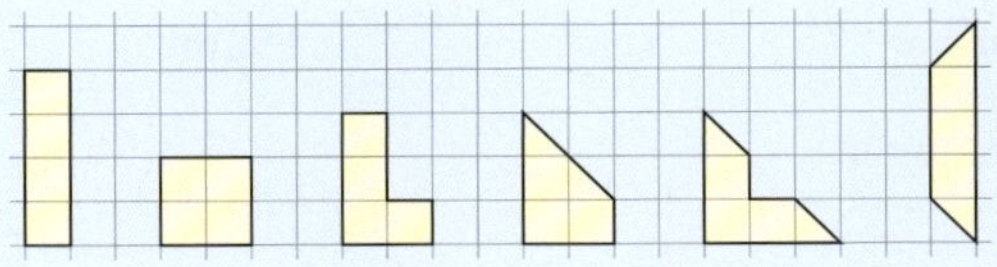

Trainieren

1 Kreuze die Figuren an, deren Flächen gleich groß sind.

Starthilfe Suche nach gleich vielen, gleich großen Flächen.

a)

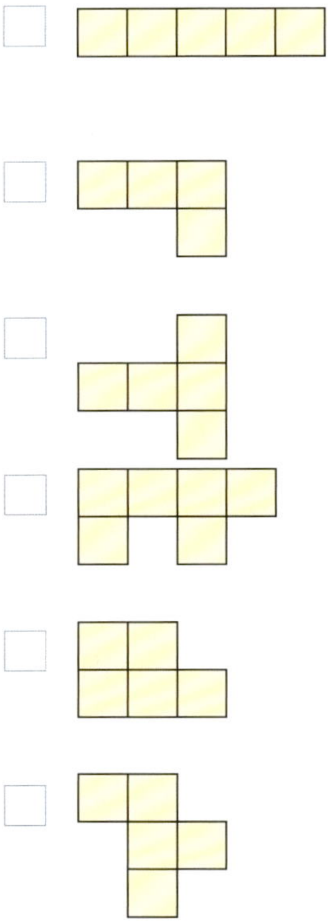

b)

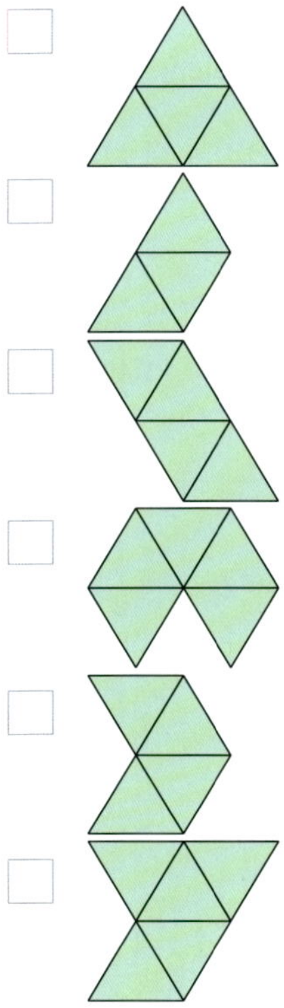

c)

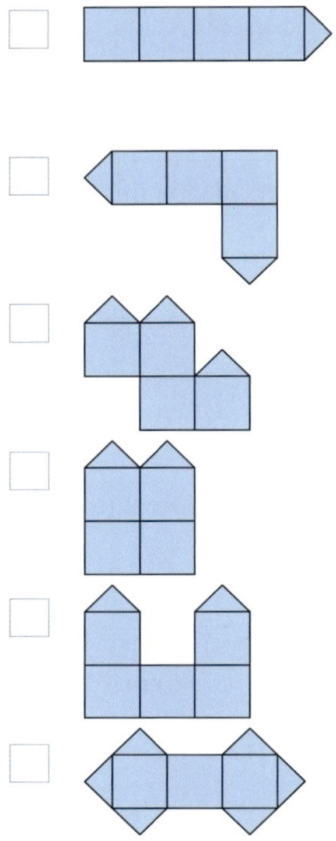

2 Zeichne rechts neben die Figur ein Rechteck mit gleich großer Fläche wie die gegebene Figur.

Starthilfe Zähle die Kästchen.

a)

b)

3 Ordne nach der Größe. Beginne mit der kleinsten Fläche.

Starthilfe Suche die kleinste Fläche, streiche ab und suche erneut.

Fußballplatz

Fußboden des Klassenzimmers

Tafel

Schulheft

Postkarte

Startbahn eines Flughafens

Briefmarke

4 Wie viele Quadrate fehlen jeweils im Karopapier?
Ermittle die Anzahl, färbe die Figur dann ein.

Starthilfe Zeichne Linien ein und zähle.

Anwenden und Vernetzen

5 Ergänze die Figuren rechts, sodass ihre Fläche jeweils die gleiche Größe hat wie die Figur ganz links.

a)

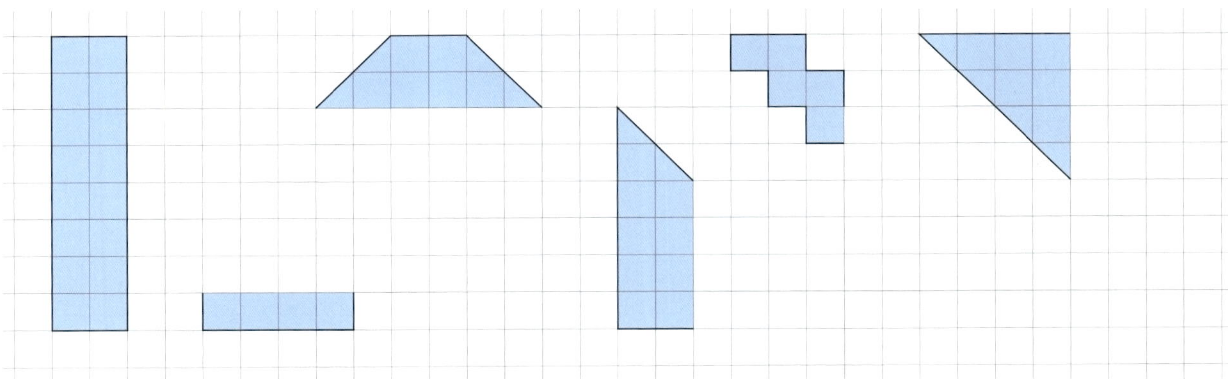

b)

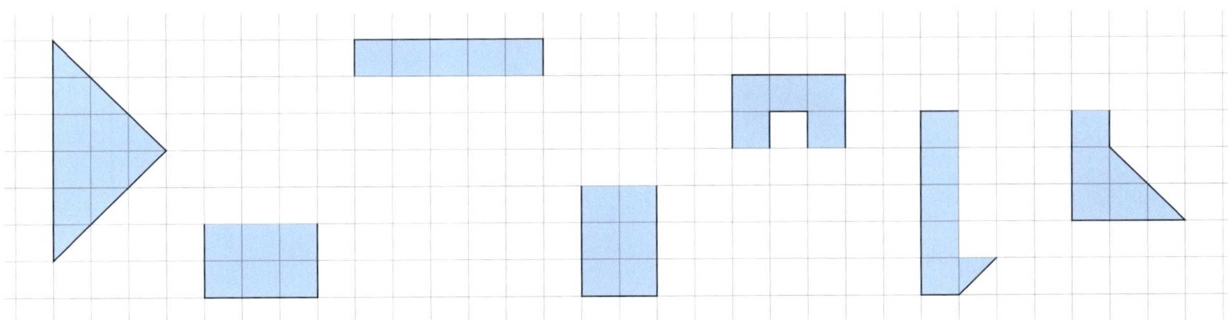

Flächeneinheiten

▶ Grundwissen

Maßeinheiten der Fläche und ihre Umrechnungen

- Quadratkilometer (km^2) $1\ km^2 = 100\ ha$
- Hektar (ha) $1\ ha = 100\ a$
- Ar (a) $1\ a = 100\ m^2$
- Quadratmeter (m^2) $1\ m^2 = 100\ dm^2$
- Quadratdezimeter (dm^2) $1\ dm^2 = 100\ cm^2$
- Quadratzentimeter (cm^2) $1\ cm^2 = 100\ mm^2$
- Quadratmillimeter (mm^2)

Bei der Umwandlung eines Flächeninhalts in eine benachbarte Einheit ist die Umrechnungszahl 100.

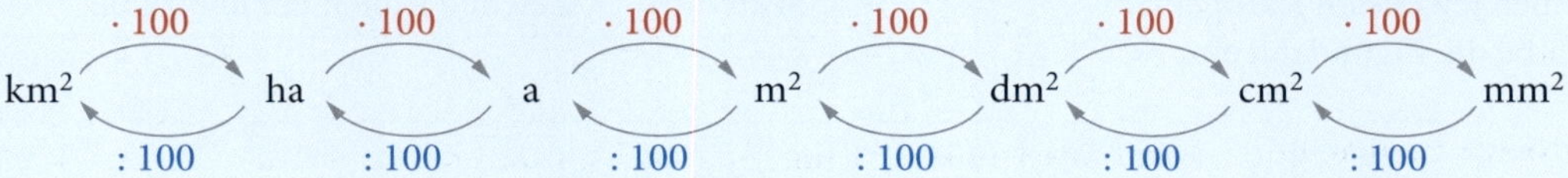

Trainieren

1 Quadratzentimeter und Quadratmillimeter

Starthilfe

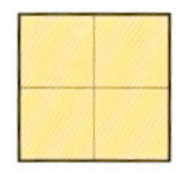

1 cm^2

a) Unterteile zuerst mithilfe von Linien in 1 cm^2 große Flächen. Gib danach die Größe in Quadratzentimeter an.

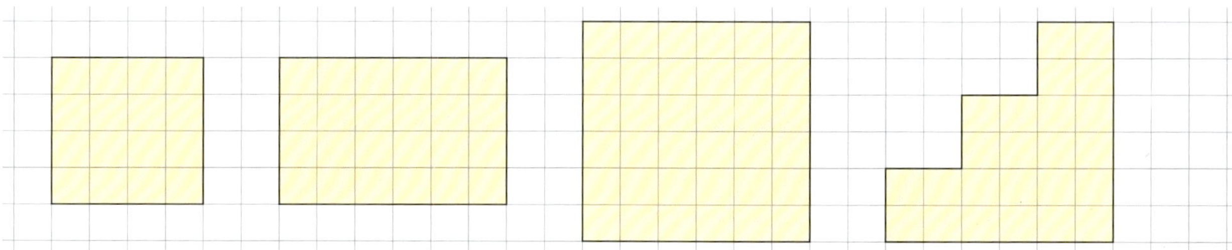

___ cm^2 ___ cm^2 ___ cm^2 ___ cm^2

b) Gib die Größe in Quadratmillimeter an.

Starthilfe

1 mm^2

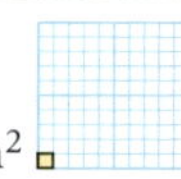

___ mm^2 ___ mm^2 ___ mm^2 ___ mm^2 ___ mm^2 ___ mm^2

c) Gib die Größe in Quadratmillimeter und in Quadratzentimeter an.

Starthilfe

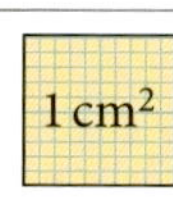

$= 100\ mm^2$

___ mm^2 ___ mm^2 ___ mm^2 ___ mm^2

= ___ cm^2 = ___ cm^2 = ___ cm^2 = ___ cm^2

2 Rechne in die nächstkleinere Einheit um.

Starthilfe $1\ km^2 > 1\ ha > 1\ a > 1\ m^2 > 1\ dm^2 > 1\ cm^2 > 1\ mm^2$
je Einheit „· 100“

a) $2\ km^2 =$ ______ ha	b) $70\ km^2 =$ ______	c) $0{,}5\ km^2 =$ ______
d) 5 ha = ______	e) 20 ha = ______	f) 2,5 ha = ______
g) 9 a = ______	h) 45 a = ______	i) 355 a = ______
j) $6\ m^2 =$ ______	k) $0{,}2\ m^2 =$ ______	l) $9{,}4\ m^2 =$ ______
m) $10\ dm^2 =$ ______	n) $56\ dm^2 =$ ______	o) $0{,}3\ dm^2 =$ ______
p) $15\ cm^2 =$ ______	q) $165{,}8\ cm^2 =$ ______	r) $4500\ cm^2 =$ ______

3 Rechne in die nächstgrößere Einheit um.

Starthilfe $1\ mm^2 < 1\ cm^2 < 1\ dm^2 < 1\ m^2 < 1\ a < 1\ ha < 1\ km^2$
je Einheit „: 100“

a) $400\ mm^2 =$ ______ cm^2	b) $250\ mm^2 =$ ______	c) $1200\ mm^2 =$ ______
d) $800\ cm^2 =$ ______	e) $1800\ cm^2 =$ ______	f) $30\ cm^2 =$ ______
g) $500\ dm^2 =$ ______	h) $8400\ dm^2 =$ ______	i) $2250\ dm^2 =$ ______
j) $1100\ m^2 =$ ______	k) $75\ m^2 =$ ______	l) $12\,500\ m^2 =$ ______
m) 950 a = ______	n) 3000 a = ______	o) 50 000 a = ______
p) 196 ha = ______	q) 403 ha = ______	r) 64 5000 ha = ______

Anwenden und Vernetzen

4 Die Fläche ist im Original $1\ km^2$ groß.

a) Beschrifte die am Rand farbig markierten Strecken mit ihrer Originallänge.

b) Ordne den farbig markierten Flächen ihre jeweils passende Originalgröße zu.

Lösungen zum Abstreichen:

10 ha	1,5 ha
1 a	5 a
25 a	1,5 ha

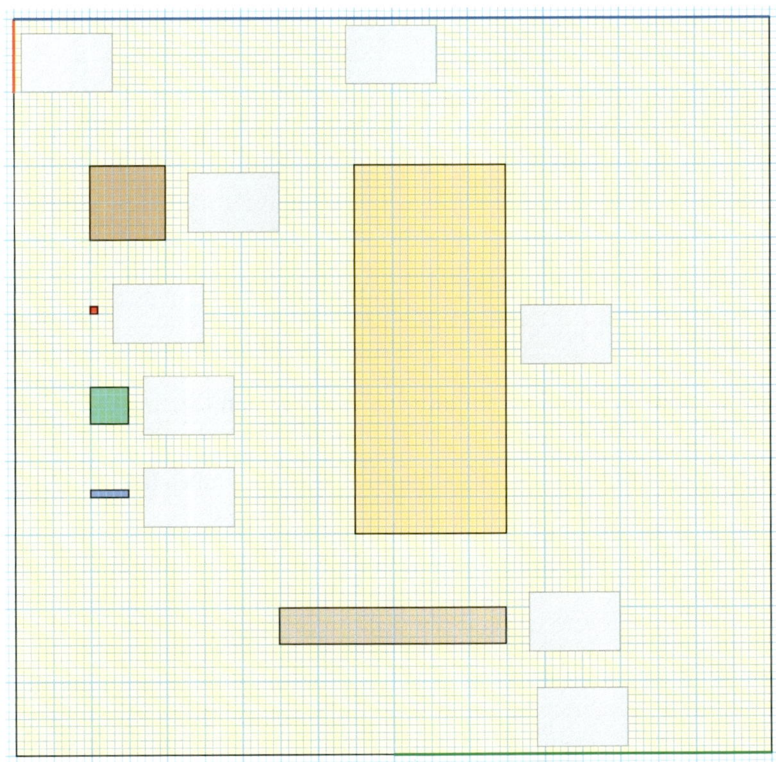

Flächeninhalte von Rechtecken und Quadraten

▶ Grundwissen

Der Flächeninhalt A eines Rechtecks wird berechnet, indem man die Länge des Rechtecks mit seiner Breite multipliziert.

$A = a \cdot b$

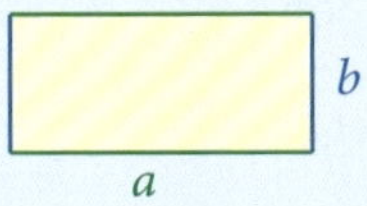

Der Flächeninhalt A eines Quadrats wird berechnet, indem man die Seitenlänge des Quadrats mit sich selbst multipliziert.

$A = a \cdot a = a^2$

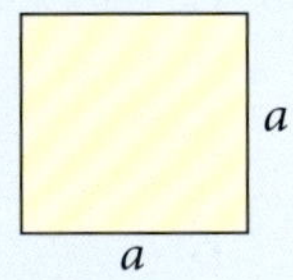

Beispiele:

1. Rechteck mit $a = 3$ cm, $b = 2$ cm
   $A = 3\text{ cm} \cdot 2\text{ cm} = 6\text{ cm}^2$
2. Quadrat mit $a = 2$ cm
   $A = 2\text{ cm} \cdot 2\text{ cm} = 4\text{ cm}^2$

Trainieren

1 Gib zuerst die Seitenlängen an.
Berechne danach die Flächeninhalte.

Starthilfe

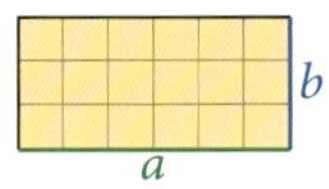

$A = a \cdot b$

a) Flächeninhalte von Rechtecken

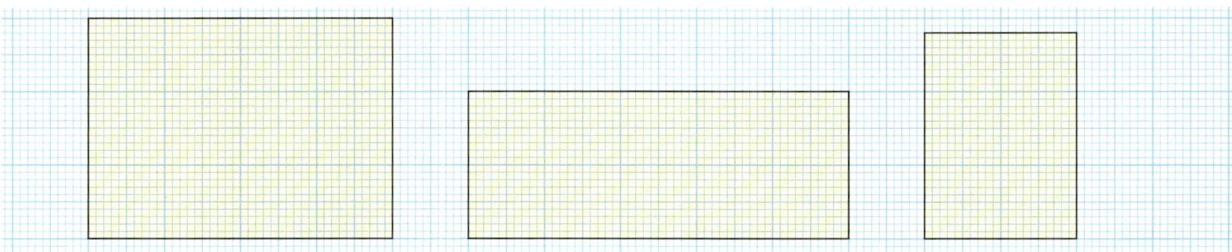

___ cm · ___ cm = ___ cm²   ___ cm · ___ cm = ___ cm²   ___ cm · ___ cm = ___ cm²

b) Flächeninhalte von Quadraten

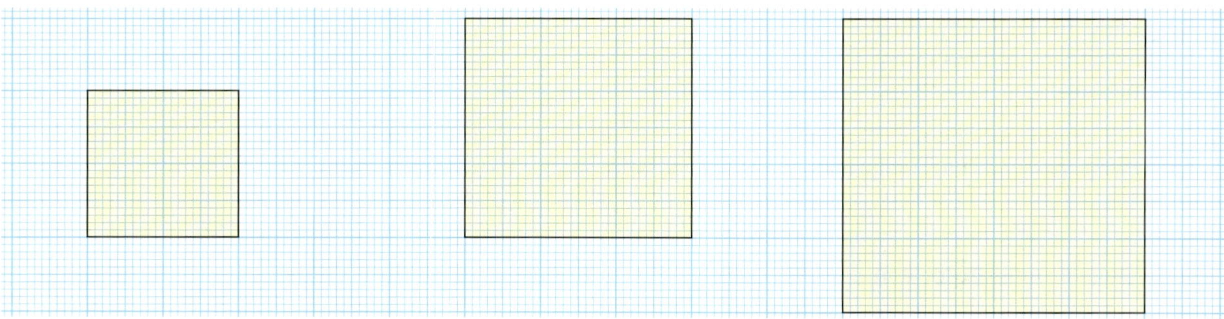

___ cm · ___ cm = ___ cm²   ___ cm · ___ cm = ___ cm²   ___ cm · ___ cm = ___ cm²

2 Ergänze die Flächen zu drei verschiedenen je 6 cm² großen Rechtecken.

Starthilfe $1 \cdot ■ = 6$; $2 \cdot ■ = 6$

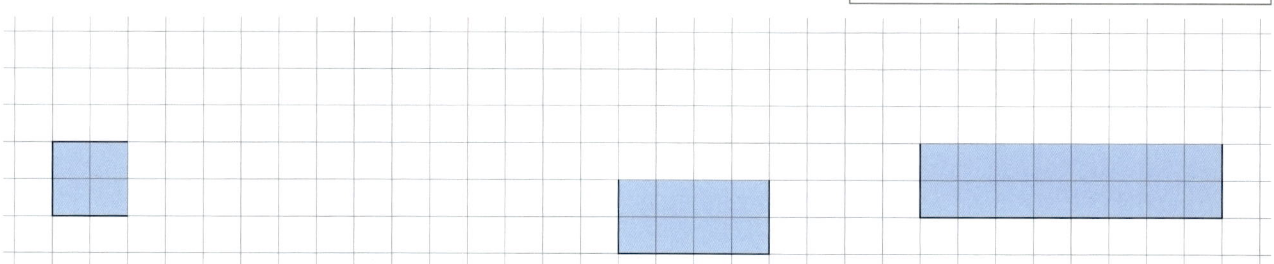

3 Berechne. Achte auf die Einheiten.

Starthilfe cm · cm = cm²; dm · dm = dm²; …

a) Flächeninhalte von Rechtecken

	①	②	③	④	⑤	⑥
Länge	3 cm	4 cm	7 cm	3 dm	15 mm	3 m
Breite	5 cm	6 cm	11 cm	25 dm	10 mm	1,5 m
Flächeninhalt						

b) Flächeninhalte von Quadraten

	①	②	③	④	⑤	⑥
Länge	5 cm	8 cm	7 mm	9 km	20 dm	50 m
Flächeninhalt						

4 Ergänze die fehlenden Größen der Rechtecke oder der Quadrate.
Unterstreiche anschließend in der oberen Zeile die Nummern aller Quadrate.

Starthilfe $A = a \cdot b$
$A : a = b$; $A : b = a$

	①	②	③	④	⑤	⑥
Länge	2 cm		5 cm		10 mm	
Breite		6 cm		6 dm		30 m
Flächeninhalt	8 cm²	36 cm²	45 cm²	120 dm²	100 mm²	900 m²

Anwenden und Vernetzen

5 Ordne mit Linien die passenden Flächeninhalte zu.
Zwei Flächeninhalte bleiben übrig. Schreibe dazu passende Flächen darunter.

Wohnzimmer 4 m × 5 m	Schulhof 40 m × 30 m	Arbeitsheft 30 cm × 21 cm	Küchentisch 80 cm × 80 cm	Taschenrechner 15 cm × 8 cm

630 cm²	2 m²	20 m²	120 cm²	100 cm²	1200 m²	160 cm²

6 Das Weizenfeld von Bauer Kastner ist 160 m lang und 135 m breit.

a) Berechne die Größe des Feldes und gib diese in Quadratmeter, in Ar und in Hektar an.

____

b) Im nächsten Jahr soll auf dem Feld Gerste angebaut werden. Bauer Kastner benötigt dafür 16 g Saatgut pro m².
Wie viel kg Saatgut muss er bestellen?

____

____

Brüche und Teile von Ganzen

▶ Grundwissen

Anteile von Ganzen werden als Brüche bezeichnet.
- Der Nenner gibt an, in wie viele gleich große Teile (Bruchteile) ein Ganzes geteilt wurde.
- Der Zähler gibt an, wie viele dieser Bruchteile genommen wurden.

Beispiel: $\frac{4}{5}$

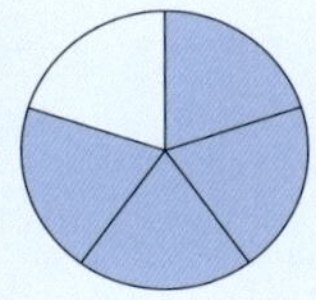

Trainieren

1 Brüche mit dem Zähler 1

Starthilfe $\frac{1}{\text{Anzahl aller gleichen Teile}}$

a) Gib die Größe des gelb markierten Bruchteils an.

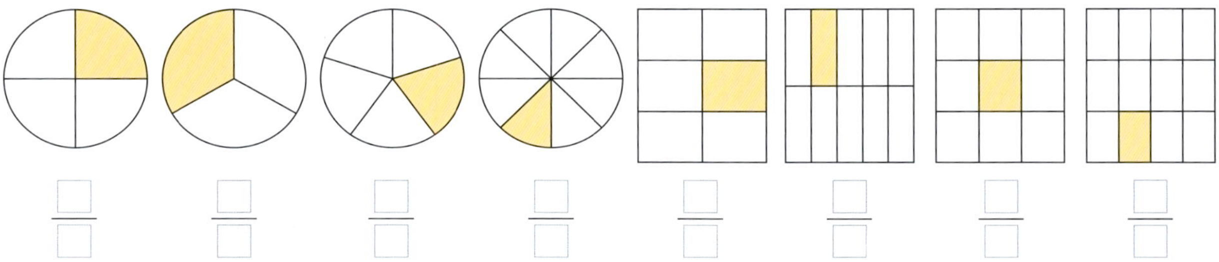

b) Unterteile nach Augenmaß so genau wie möglich in gleich große Teile und färbe passend ein.

$\frac{1}{4}$ $\frac{1}{3}$ $\frac{1}{12}$ $\frac{1}{6}$ $\frac{1}{8}$ $\frac{1}{10}$

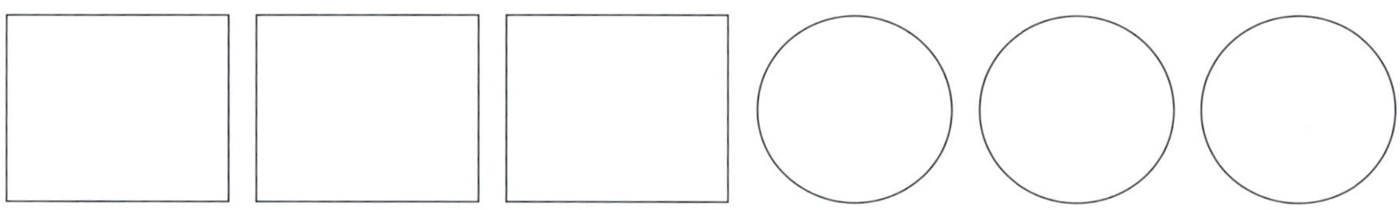

2 Brüche mit Zählern, die größer als 1 sind

Starthilfe $\frac{\text{Anzahl gelber Teile}}{\text{Anzahl aller gleichen Teile}}$

a) Gib die Größe des gelb markierten Bruchteils an.

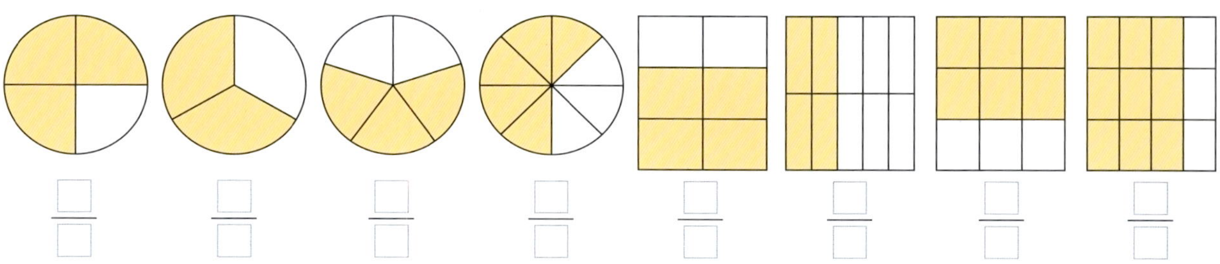

b) Unterteile nach Augenmaß so genau wie möglich in gleich große Teile und färbe passend ein.

$\frac{2}{3}$ $\frac{5}{6}$ $\frac{4}{5}$ $\frac{2}{4}$ $\frac{3}{8}$ $\frac{9}{10}$

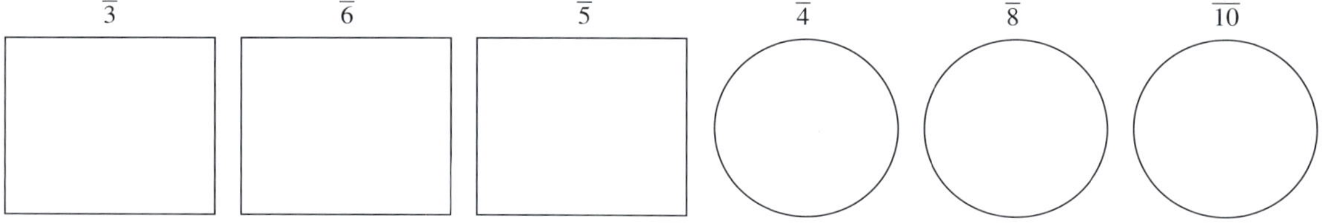

3 Ordne jedem Bruch die passende Darstellung zu. Ein Bruch bleibt übrig. Zeichne nach Augenmaß eine dazu passende Darstellung möglichst genau in das freie Rechteck.

Starthilfe Nenner = Anzahl aller gleichen Teile

$\frac{7}{14}$ $\frac{5}{16}$ $\frac{5}{15}$ $\frac{7}{24}$ $\frac{7}{12}$ $\frac{7}{20}$

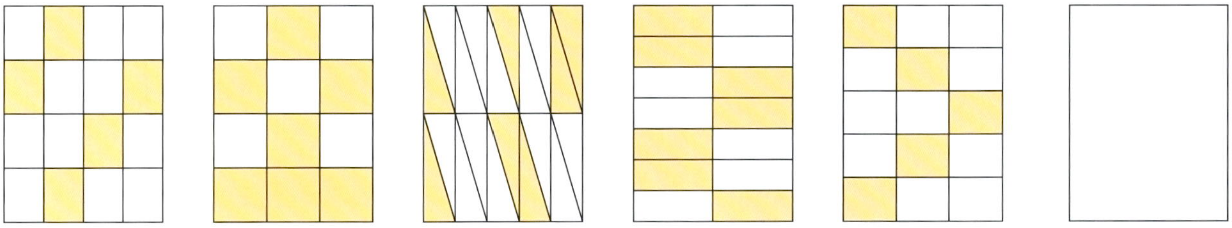

4 Teile den Streifen in die angegebenen Anteile. Färbe dann den Bruchteil ein.

Starthilfe 1 Ganzes

Teile in Halbe: $\frac{1}{2}$

Anteil	Bruch
a) Drittel	$\frac{1}{3}$
b) Drittel	$\frac{2}{3}$
c) Viertel	$\frac{3}{4}$
d) Viertel	$\frac{4}{4}$
e) Sechstel	$\frac{1}{6}$
f) Sechstel	$\frac{5}{6}$
g) Zwölftel	$\frac{3}{12}$
h) Zwölftel	$\frac{10}{12}$

Anwenden und Vernetzen

5 Ein Teil der Fläche wurde dargestellt. Wie könnte die ganze Fläche aussehen? Zeichne zwei Möglichkeiten.

a) Das ist ein Sechstel der Fläche.

b) Das ist ein Drittel der Fläche.

c) Das sind drei Viertel der Fläche.

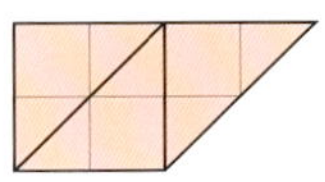

d) Das sind zwei Drittel der Fläche.

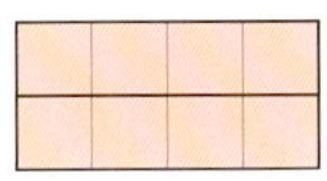

Bruchteile von Größen

▶ Grundwissen

Mit Brüchen können Anteile von Größen angegeben werden.

- Der Anteil wird berechnet, indem man
  1. durch den Nenner dividiert und dann
  2. mit dem Zähler multipliziert.
- Oft ist es einfacher, zuvor in eine kleinere Einheit umzurechnen.

Beispiele:

1. $\frac{3}{4}$ von 20 kg
   $20\text{ kg} : 4 = 5\text{ kg}$
   $5\text{ kg} \cdot 3 = 15\text{ kg}$
   $\frac{3}{4}$ von 20 kg sind 15 kg.
2. $\frac{2}{5}$ von 3 m; 3 m = 30 dm
   $30\text{ dm} : 5 = 6\text{ dm}$; $6\text{ dm} \cdot 2 = 12\text{ dm}$; $12\text{ dm} = 1{,}2\text{ m}$
   $\frac{2}{5}$ von 3 m sind 1,2 m.

Trainieren

1 Gib den passenden Zeitraum an.

Starthilfe 1 h = 60 min

a) 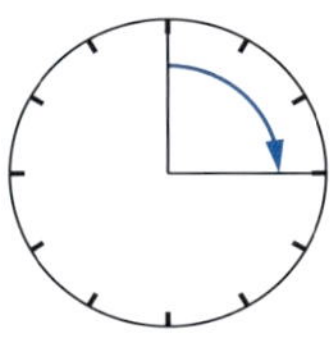

____ h = ____ min

b) 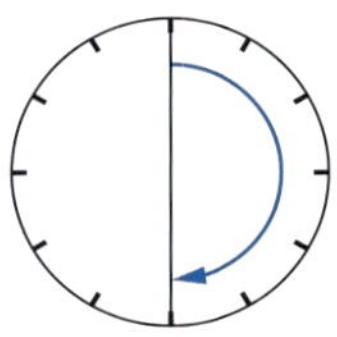

____ h = ____ min

c) 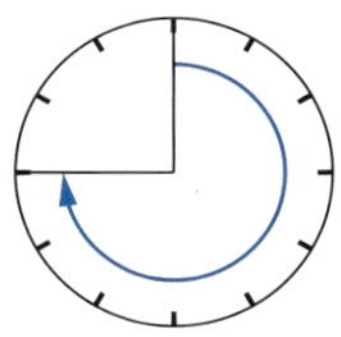

____ h = ____ min

d) 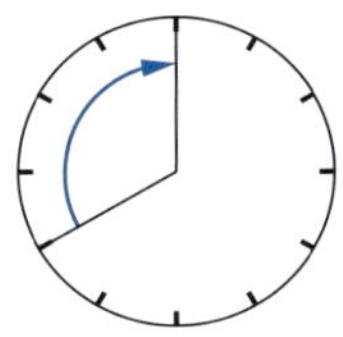

____ h = ____ min

2 Berechne im Kopf.

a) Rechne in Gramm um.

Starthilfe 1 kg = 1000 g

$\frac{1}{2}$ kg = ____ g $\quad$ $\frac{1}{4}$ kg = ____ g $\quad$ $\frac{3}{4}$ kg = ____ g $\quad$ $1\frac{1}{2}$ kg = ____ g

b) Rechne in Monate um.

Starthilfe 1 Jahr = 12 Monate

$\frac{1}{2}$ Jahr = ____ Monate $\quad$ $\frac{1}{4}$ Jahr = ____ Monate $\quad$ $\frac{3}{4}$ Jahr = ____ Monate $\quad$ $1\frac{1}{2}$ Jahre = ____ Monate

c) Rechne in Cent um.

Starthilfe 1 € = 100 ct

$\frac{1}{2}$ € = ____ ct $\quad$ $\frac{1}{4}$ € = ____ ct $\quad$ $\frac{3}{4}$ € = ____ ct $\quad$ $4\frac{1}{2}$ € = ____ ct

d) Rechne in Millimeter um.

Starthilfe 1 cm = 10 mm

$\frac{1}{2}$ cm = ____ mm $\quad$ $\frac{1}{5}$ cm = ____ mm $\quad$ $\frac{1}{10}$ cm = ____ mm $\quad$ $2\frac{1}{2}$ cm = ____ mm

3 Färbe den passenden Anteil in dem 10 cm langen Streifen ein und gib die Länge in cm an.

a) $\frac{1}{2}$ dm = ____ cm

b) $\frac{1}{4}$ dm = ____ cm

c) $\frac{1}{5}$ dm = ____ cm

d) $\frac{1}{10}$ dm = ____ cm

e) $\frac{3}{4}$ dm = ____ cm

4 Rechne zuerst mit Cent. Gib danach das Ergebnis in Euro an.

Starthilfe 200 ct = 2 €

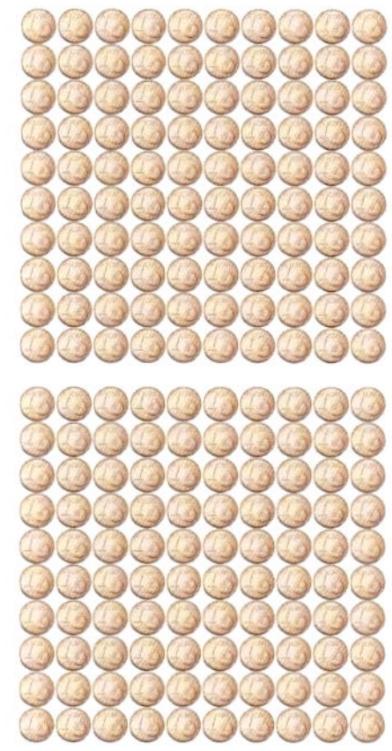

a) $\frac{1}{4}$ von 200 ct sind ____ ct $\frac{1}{4}$ von 2 € sind ____ €.

b) $\frac{1}{10}$ vom 400 ct sind ____ ct $\frac{1}{10}$ von ____ € sind ____ €.

c) $\frac{1}{5}$ von 300 ct sind ____ ct $\frac{1}{5}$ von ____ € sind ____ €.

d) $\frac{1}{2}$ von 500 ct sind ____ ct $\frac{1}{2}$ von ____ € sind ____ €.

e) $\frac{3}{4}$ von 600 ct sind ____ ct $\frac{3}{4}$ von ____ € sind ____ €.

f) $\frac{2}{5}$ von 250 ct sind ____ ct $\frac{2}{5}$ von ____ € sind ____ €.

5 Bestimme den Anteil. Rechne rechts.

Starthilfe $\frac{4}{5}$ von 30 m = ■ m; 30 : 5 = 6; 6 · 4 = 24

a) zwei Fünftel von 100 km $\frac{2}{5}$ von 100 m sind ____ ____

b) fünf Sechstel von 120 g ____ ____

c) drei Viertel von 140 Liter (l) ____ ____

d) vier Siebtel von 21 Tagen (d) ____ ____

e) fünf Achtel von 72 Minuten ____ ____

f) sieben Neuntel von 450 ha ____ ____

g) zehn Viertel von 88 Stunden ____ ____

h) acht Drittel von 27 m^2 ____ ____

Anwenden und Vernetzen

6 Schulausflüge

a) Die Klassenfahrt der Klasse 5 a kostet insgesamt 3200 €. Die Jugendherberge verlangt eine Anzahlung von einem Achtel des Preises. Wie viel muss angezahlt werden?

____

____

b) Das Geld für den Zoobesuch der Klasse 5 b wurde bereits von einem Drittel aller Schüler eingesammelt. Das sind 32 €. In der Klasse sind 24 Schüler. Wie viel Geld kostet der Zoobesuch für jeden Schüler?

____

____

c) Aus der Klasse 5 c wollen nur $\frac{3}{7}$ der Schüler ins Museum gehen. Die restlichen 12 Schüler möchten lieber einen Film ansehen. Wie viele Schüler hat die 5 c?

Starthilfe $\frac{3}{7}$ + ■ = $\frac{7}{7}$ = 1

____

Kapitel **Daten**

1 Lies aus dem Diagramm die fehlenden Werte für die Tabelle ab und trage ein.

a)

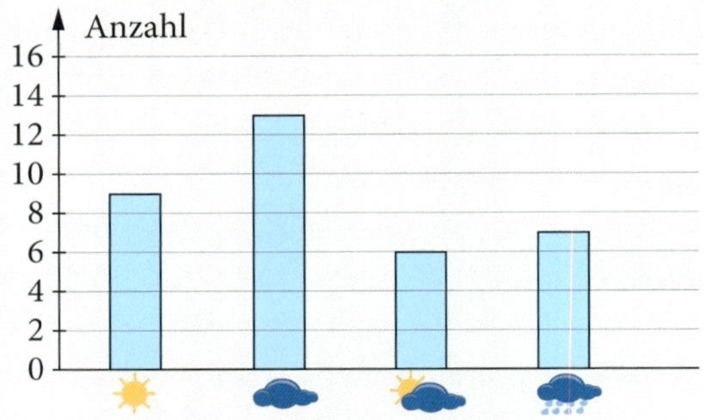

Wetter				
Anzahl Tage				

b)

Blumensorte	Veilchen	Narzissen	Tulpen	Krokusse
Anzahl				

2 Bestimme jeweils das Minimum, das Maximum und die Spannweite der Datenreihe.

a) 5; 9; 4; 13; 20; 15; 17; 4; 10; 3; 21; 19; 7; 14; 4

____

b) 18 €; 7,50 €; 24 €; 10 €; 9 €; 23 €; 6 €; 34 €; 6 €; 9,50 €; 31 €; 33 €

____

3 Die Schüler der Klasse 5 a wurden befragt, wie sie ihren Schulweg zurücklegen.
Welche der Aussagen stimmen? Kreuze an.

- ☐ 7 Schüler kommen mit dem Fahrrad zur Schule.
- ☐ In der Klasse sind 25 Schüler.
- ☐ Über die Hälfte der Schüler gehen zu Fuß.
- ☐ Zu Fuß kommen genauso viele wie auf Rädern.

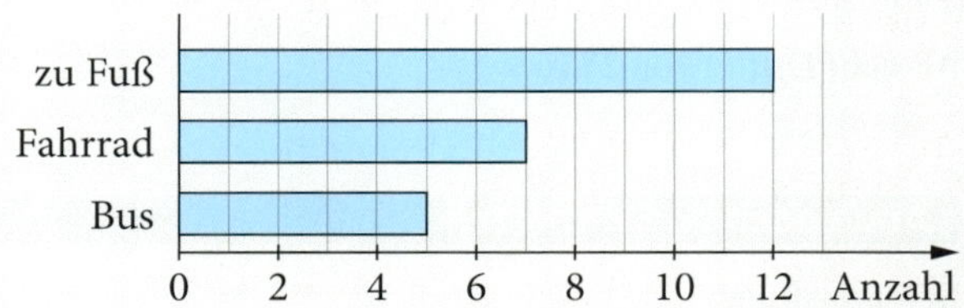

4 In der Sport-AG wurde eine Umfrage zur jeweiligen Lieblingssportart der Schüler durchgeführt.

Lieblingssportart	Anzahl Stimmen	
Basketball	𝍸 ||||	
Fußball	𝍸 𝍸 𝍸 ||	
Volleyball	||||	
Turnen	𝍸 ||	
Leichtathletik	𝍸 𝍸 |	

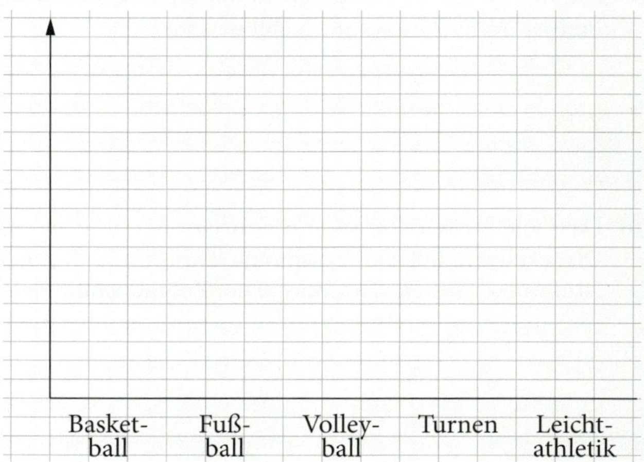

a) Ergänze die Angaben in der Tabelle.

b) Stelle die Werte der Tabelle in dem Diagramm rechts dar.

c) Bestimme die folgenden Werte.

Minimum: ______ Maximum: ______ Spannweite: ______ Anzahl befragter Schüler: ______

Kapitel Die natürlichen Zahlen

1 Vervollständige die Tabelle.

a)

Vorgänger	Zahl	Nachfolger
	8	
18		
		5
9		

b)

Vorgänger	Zahl	Nachfolger
	45	
79		
		101
	199	

2 Ordne. Beginne mit der kleinsten Länge.

a) 31 km 16 km 34 km 17 km 27 km

____

b) 660 m 675 m 645 m 674 m 654 m

____

3 Trage die Zahlen in die Stellenwerttafel ein.

① Der Äquator ist 40 075 km lang.

② Der Mont Blanc ist 4697 m hoch.

③ Es gibt geschätzt etwa vierhunderttausend verschiedene Pflanzenarten auf der Erde.

④ Der Mond ist 384 400 km von der Erde entfernt.

⑤ Die Sonne ist 149 600 000 km von der Erde entfernt.

	HMio.	ZMio.	Mio.	HT	ZT	T	H	Z	E
①									
②									
③									
④									
⑤									

4 Runde auf die angegebene Rundungsstelle.

Runden auf …	1238	6813	4565	67 094	32 547
Zehner (Z)					
Hunderter (H)					
Tausender (T)					

5 Schätze mithilfe der Rastermethode die Gesamtzahl aller Smileys auf dem Bild.
Zeichne zunächst ein für dich geeignetes Raster.

Anzahl der Smileys in einem Feld: ____________

Anzahl der Felder: ____________

Schätzwert: ____________

Kapitel Grundbegriffe der Geometrie

1 Zeichne alle Symmetrieachsen ein.

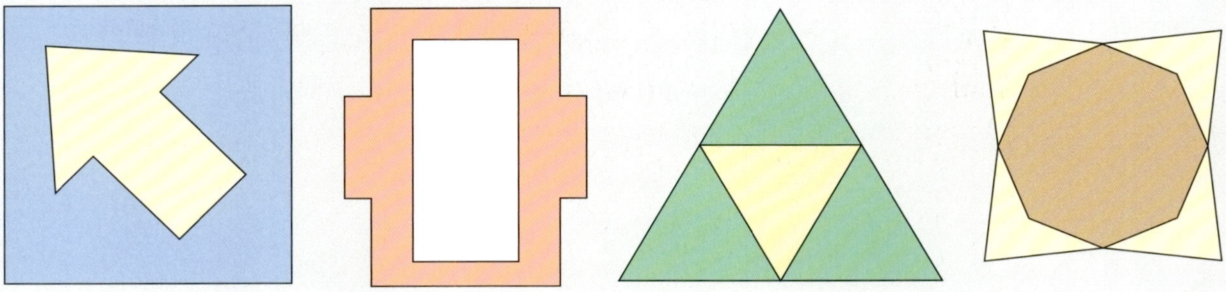

2 Markiere alle zur Geraden g parallelen Geraden rot. Markiere anschließend alle dazu senkrechten Geraden blau.

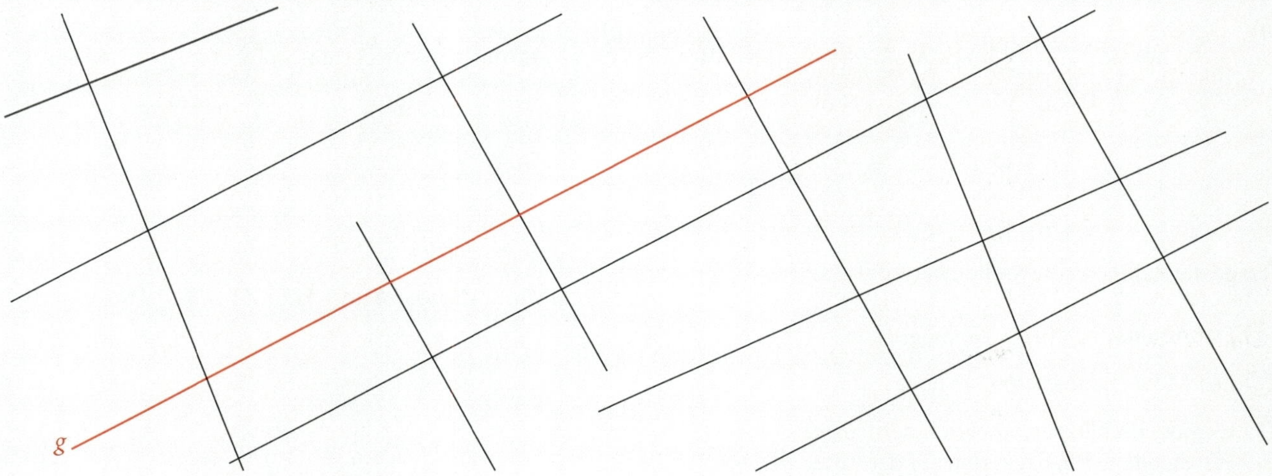

3 Zeichne das Viereck aus den gegebenen Punkten in das Koordinatensystem. Gib die fehlenden Koordinaten des vierten Eckpunkts an.

a) Rechteck $ABCD$: $A(1 \mid 2)$ $B(4 \mid 2)$ $C(4 \mid 4)$ $D(\_\_ \mid \_\_)$

b) Rechteck $EFGH$: $E(5 \mid 1)$ $F(\_\_ \mid \_\_)$ $G(7 \mid 5)$ $H(5 \mid 5)$

c) Quadrat $IJKL$: $I(8 \mid 2)$ $J(\_\_ \mid \_\_)$ $K(12 \mid 2)$ $L(10 \mid 4)$

d) Quadrat $MNOP$: $M(13 \mid 3)$ $N(14 \mid 2)$ $O(\_\_ \mid \_\_)$ $P(14 \mid 4)$

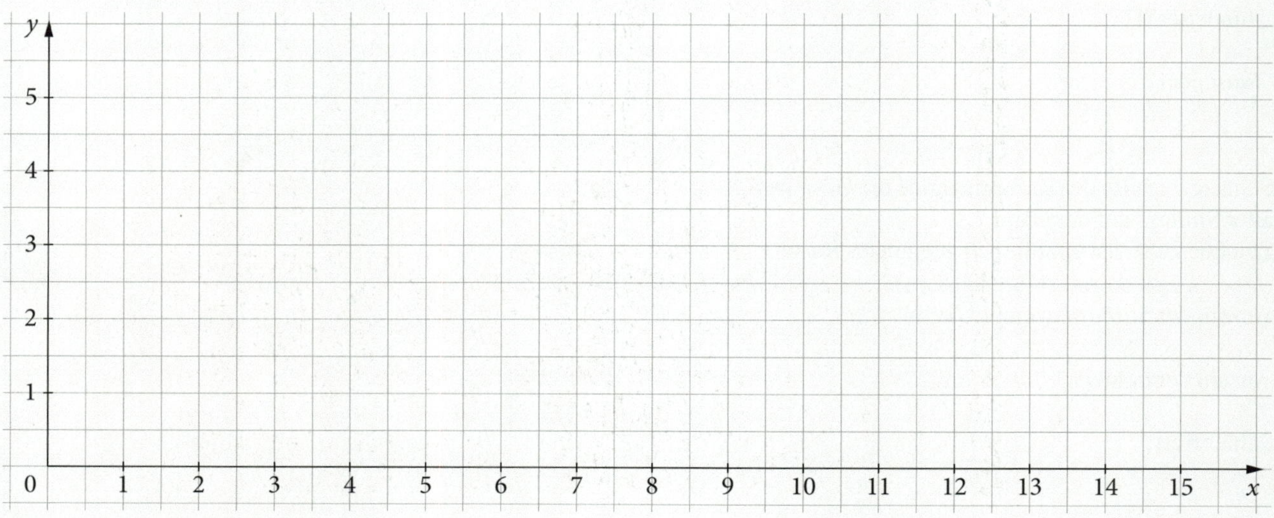

Kapitel Natürliche Zahlen addieren und subtrahieren

1 Rechne im Kopf.

a) 47 + 21 = ______ 139 + 14 = ______ 340 + 73 = ______ 5480 + 370 = ______

b) 68 − 15 = ______ 95 − 35 = ______ 325 − 40 = ______ 8100 − 1300 = ______

2 Berechne vorteilhaft.

a) 5 + 99 + 95 + 1 = ______

b) 79 + 78 + 77 + 3 + 2 + 1 = ______

c) 2 + 45 + 444 + 98 + 5 − 44 = ______

3 Beachte die Vorrangregeln.

a) 25 − (7 + 8) = ______ b) 50 − (21 − 6) = ______

c) (36 + 13) − (41 − 30) = ______ d) 80 − (45 − 35) + 20 = ______

e) (10 + 9) − (8 + 7) − (6 − 5) = ______ f) (45 + 250 − 5) − (90 − 75) = ______

4 Schreibe jeweils zuerst das Ergebnis deines Überschlags auf. Rechne danach schriftlich.

a) Ü.: ______

	3	7	9	2
+	8	0	1	2

b) Ü.: ______

		9	8	9
+			6	5
+	7	1	2	7

c) Ü.: ______

	6	9	0	7
−	1	7	4	3

d) Ü.: ______

	5	9	3	0	4
−	1	1	8	5	0
−		4	4	3	9

5 Ergänze die fehlenden Ziffern.

a)

+	2	5	9	1
	1	1		
	7	1	2	8

b)

			4		5
+		3		8	
	1			1	
		0	4	9	0

c)

		0	8	7	6
−					
	1				
		4	0	6	1

d)

	8		3		1
−		9		5	
	1		1		
	3	6	0	5	1

6 Auf ihrer Urlaubsfahrt von Hannover nach Nizza will Familie Köhler folgende Stopps einlegen:
① Besuch der Oma in Heidelberg: Hannover – Heidelberg 437 km
② Besuch eines Onkels in Como (Italien): Heidelberg – Como 562 km
③ Nizza Como – Nizza 461 km
Auf der Rückreise wollen sie den kürzesten Weg nehmen (1277 km). Wie viel Kilometer ist die Rückreise kürzer als die Hinreise?

______

______

Kapitel Größen

1 Wandle um.

Euro	0,85		0,59		1,95		19,95		10,01
Cent		17		3		245		7500	

2 Gib die Beträge mit möglichst wenigen Geldscheinen und Münzen an.

a) 3,50 € = ______ b) 19 € = ______

c) 0,36 € = ______ d) 1,48 € = ______

e) 38,10 € = ______ f) 74,07 € = ______

3 Rechne in die gegebene Einheit um.

a) 4 h = ______ min b) 2 d = ______ h c) 180 min = ______ h

d) 2 kg = ______ g e) 5 t = ______ kg f) 12 g = ______ mg

g) 3000 g = ______ kg h) 4500 mg = ______ g i) 500 kg = ______ t

j) 6 m = ______ dm k) 15 cm = ______ mm l) 45 km = ______ m

m) 50 cm = ______ dm n) 1200 m = ______ km o) 800 mm = ______ cm

4 Ordne nach der Größe. Beginne mit dem kleinsten Wert. Rechne zuerst in die gleiche Einheit um.

2500 g; 20 kg; 0,2 t; 2 kg 2 kg < ______

______

5 Kreuze an, welche Aussagen jeweils stimmen können.

a) Eine Tafel Schokolade kostet etwa ... ☐ 13 ct ☐ 1,30 € ☐ 13 € ☐ 1,19 €

b) Ein Apfel wiegt etwa ... ☐ 1,3 t ☐ 1 kg ☐ 100 g ☐ 0,1 kg

c) Zähneputzen dauert etwa. ... ☐ 3 min ☐ 3 s ☐ 3 h ☐ 30 s

d) Die Höhe eines Tisches beträgt etwa ... ☐ 0,7 km ☐ 70 cm ☐ 75 mm ☐ 7,5 dm

6 Für den Dachausbau ihres Hauses kauft Familie Lohmann Holzlatten im Baumarkt.
Familie Lohman benötigt 954 m Fichtenholzlatten. Eine Latte ist 3000 mm lang und kostet pro Stück 98 ct.
Wie viele Holzlatten muss Familie Lohmann kaufen? Wie viel kostet der Einkauf?

______

______

______

______

Kapitel Natürliche Zahlen multiplizieren und dividieren

1 Rechne im Kopf.

a) $3 \cdot 30 =$ ____ $2 \cdot 18 =$ ____ $11 \cdot 40 =$ ____ $12 \cdot 25 =$ ____

b) $36 : 6 =$ ____ $77 : 11 =$ ____ $140 : 20 =$ ____ $250 : 5 =$ ____

2 Multipliziere schriftlich. Mache vorher einen Überschlag.

a) Ü.: ____

3 2 · 4 6

b) Ü.: ____

2 9 · 1 4 5

c) Ü.: ____

1 4 5 · 6 1 5

3 Dividiere. Überprüfe anschließend das Ergebnis mithilfe einer Probe.

a) 2 5 2 8 : 8 =

–

–

–

Probe: ____ · 8

b) 7 5 9 5 : 3 1 =

–

–

–

Probe: ____ · 3 1

4 Rechne vorteilhaft; möglichst im Kopf.

a) $2 \cdot 37 \cdot 5 =$ ____

b) $25 \cdot 19 \cdot 4 =$ ____

c) $50 \cdot 48 \cdot 2 =$ ____

d) $16 \cdot 5 \cdot 20 =$ ____

e) $5 \cdot 99 + 5 \cdot 99 =$ ____

f) $17 \cdot 133 - 17 \cdot 33 =$ ____

g) $(200 + 32) : 4 =$ ____

h) $(900 - 45) : 9 =$ ____

5 Frau Klein möchte mit Stiefmütterchen ein Frühlingsbeet schmücken. In der Gärtnerei gibt es Paletten mit 24 Stück für 13,20 € oder Einzelpflanzen zu je 0,79 €. Sie will jedoch nur 20 Pflanzen haben.

a) Sind die Einzelpflanzen in der Palette preiswerter?

____

b) Würde sie für 20 Einzelpflanzen mehr bezahlen als für die 24 Pflanzen in der Palette?

____

____

Kapitel Flächen

1 Ergänze die rechte Figur zu einem Rechteck, sodass beide Figuren den gleichen Flächeninhalt haben.

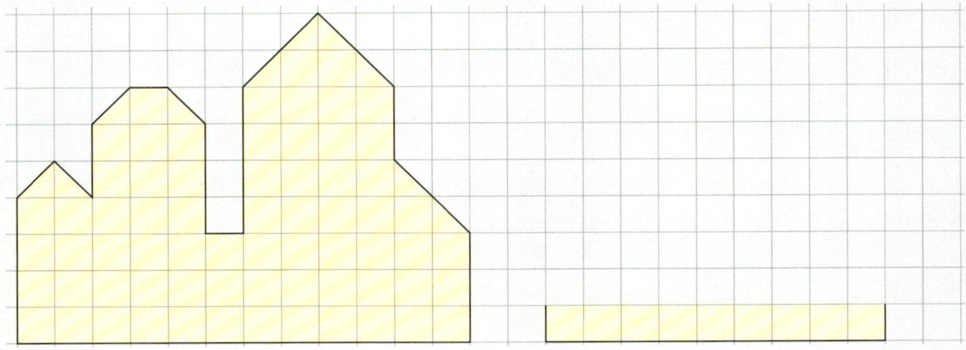

2 Rechne in die angegebene Einheit um.

a) $3\ m^2 =$ ______ dm^2 b) $8\ dm^2 =$ ______ cm^2 c) $9\ km^2 =$ ______ ha

d) 6,5 a = ______ m^2 e) $400\ mm^2 =$ ______ cm^2 f) $150\ cm^2 =$ ______ dm^2

g) $500\ dm^2 =$ ______ m^2 h) 850 a = ______ ha i) 1000 ha = ______ km^2

3 Gib die Flächeninhalte in Quadratzentimeter und Quadratmillimeter und die Umfänge in Zentimeter an.

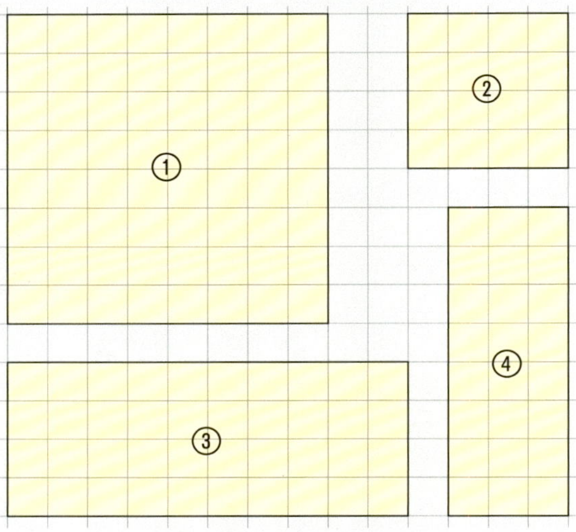

Viereck ①: $u =$ ______

$A =$ ______

Viereck ②: $u =$ ______

$A =$ ______

Viereck ③: $u =$ ______

$A =$ ______

Viereck ④: $u =$ ______

$A =$ ______

4 Beschrifte die am Rand farbig markierten Strecken in ihrer Originallänge. Zeichne dann Flächen mit den folgenden Größen ein:

① 1 a
② 10 a
③ 1 ha
④ 3,5 ha

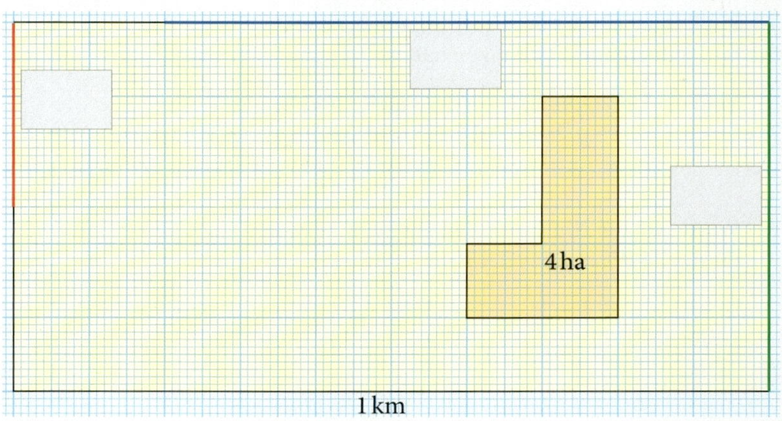

Kapitel Rationale Zahlen

1 Gib die Größe des gelb markierten Bruchteils an.

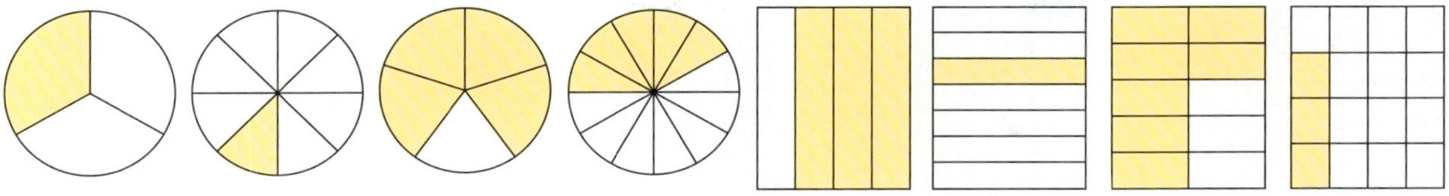

2 Markiere die Brüche.

$\frac{1}{2}$ $\frac{1}{4}$ $\frac{1}{3}$ $\frac{2}{9}$ $\frac{5}{6}$ $\frac{2}{5}$

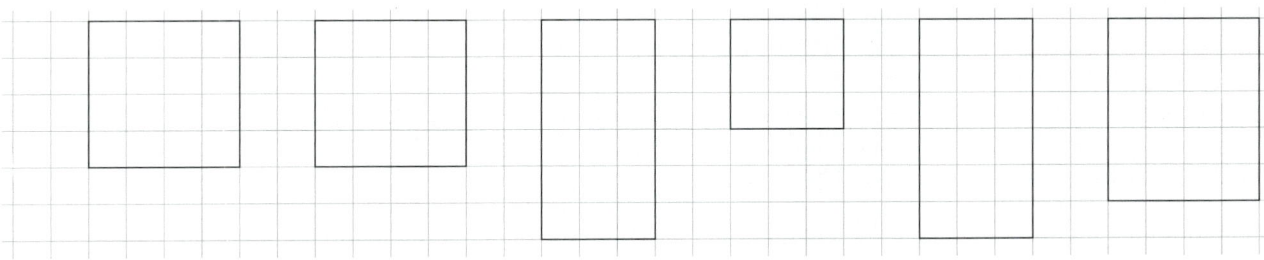

3 Berechne im Kopf.

a) $\frac{1}{2}$ km = ______ m
b) $\frac{1}{4}$ Jahr = ______ Monate
c) $\frac{3}{4}$ h = ______ min
d) $2\frac{1}{2}$ kg = ______ g
e) $\frac{1}{2}$ cm = ______ mm
f) $\frac{1}{4}$ min = ______ s
g) $\frac{3}{4}$ € = ______ ct
h) $1\frac{1}{2}$ h = ______ min
i) $\frac{1}{2}$ m = ______ cm
j) $\frac{1}{4}$ € = ______ ct
k) $\frac{3}{4}$ kg = ______ g
l) $3\frac{1}{2}$ € = ______ ct
m) $\frac{1}{10}$ km = ______ mm
n) $\frac{1}{10}$ m = ______ dm
o) $\frac{1}{10}$ cm = ______ mm
p) $4\frac{1}{2}$ Jahre = ______ Monate

4 Bestimme den Anteil. Rechne rechts.

a) zwei Drittel von 150 km — $\frac{2}{3}$ von 150 m sind ______ ______
b) drei Fünftel von 200 g ______ ______
c) vier Neuntel von 180 Liter (l) ______ ______
d) fünf Siebtel von 35 Tagen (d) ______ ______

5 Oma sagt: „Merlin, du bekommst von mir in diesem Jahr $\frac{5}{12}$ von 240 € zum Geburtstag."
Merlin antwortet: „Dann darf Leonie aber nur $\frac{5}{8}$ von 240 € bekommen, denn ich werde 12 Jahre alt und Leonie erst 8."
Würde Merlin dabei ein gutes Geschäft machen? Berechne und begründe.

______

______

______

Jahrgangsstufentest

1 Mesut hat 24-mal gewürfelt und jeweils das Ergebnis aufgeschrieben.

a) Ergänze die Tabelle.

Würfel-ergebnis	Strichliste	Anzahl
1	||||	
2	|||	
3	~~||||~~ ||	
4	||	
5	|||	
6	~~||||~~	

b) Stelle die Daten aus a) im Säulendiagramm dar.

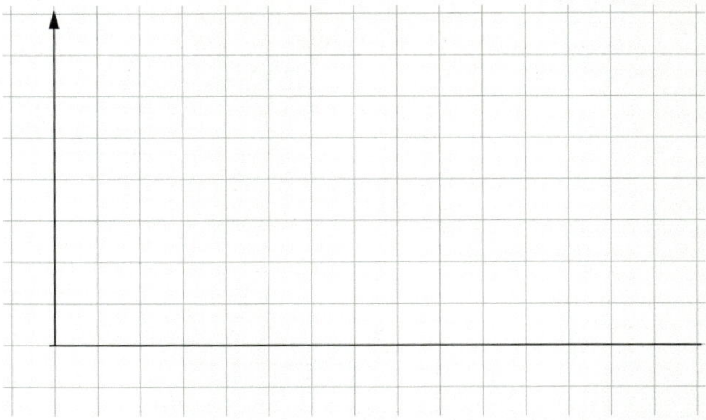

2 Runde auf die angegebene Rundungsstelle.

Runden auf …	873	1438	3097	2694	5135	13 954	77 509
Zehner (Z)							
Hunderter (H)							
Tausender (T)							

3 Rechne in die angegebene Einheit um.

a) 2 h = ______ min **b)** $\frac{1}{2}$ d = ______ h **c)** 21 d = ______ Wochen

d) 3 kg = ______ g **e)** 8 t = ______ kg **f)** 6000 g = ______ kg

g) 12 cm = ______ mm **h)** 7500 m = ______ km **i)** 500 cm = ______ dm

j) 2 m^2 = ______ dm^2 **k)** 9 dm^2 = ______ cm^2 **l)** 14 km^2 = ______ ha

m) 0,25 € = ______ ct **n)** 3,50 € = ______ ct **o)** 1250 ct = ______ €

4 Opa hat 5480 € gespart und will es zu gleichen Teilen seinen drei Kindern und fünf Enkeln schenken.

a) Wie viel bekommt jeder?

____

b) Wie viel erhält jedes Enkelkind, wenn jedes der drei Kinder das Doppelte des Betrages aus a) erhält?

____

____

____

5 Haus im Koordinatensystem

a) Gib die Koordinaten der Punkte an.

A(___ | ___) B(___ | ___) C(___ | ___)

b) An der Geraden g soll eine symmetrische Hausfront entstehen.
Gib die Koordinaten der Bildpunkte an.

A'(___ | ___) B'(___ | ___) C'(___ | ___)

Zeichne die Hausfront. Verbinde die Punkte so miteinander: $A - B - C - C' - B' - A$.

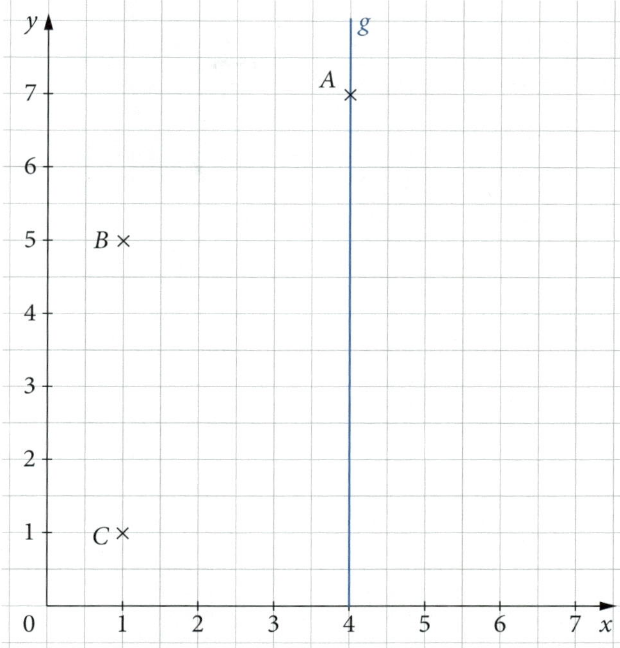

c) Ergänze die Sätze:

$\overline{BC}$ ist parallel zur Strecke ____ .

$\overline{BC}$ ist senkrecht zur Strecke ____ .

$\overline{BB'}$ ist __________ zur Strecke $\overline{CC'}$.

$\overline{B'C'}$ ist __________ zur Strecke $\overline{CC'}$.

d) Berechne den Umfang und den Flächeninhalt des Rechtecks $BCC'B'$.

____

e) Versuche, den Flächeninhalt der gesamten Hausfront zu bestimmen.

____

6 Trage die gesuchten Begriffe in die Kästchen ein. Wenn alles richtig ist, ergibt sich senkrecht in den blauen Kästchen ein Lösungswort, das beim Rechnen eine große Rolle spielt.

1. Quadrat und … haben nur rechte Winkel als Innenwinkel.
2. Im Koordinatensystem wird ein Punkt mithilfe seiner … markiert.
3. Die Summe aller Seitenlängen einer Figur heißt …
4. Beim Addieren wird eine… gebildet.
5. Eine Minute hat 60 …
6. 1000 Meter sind ein …
7. Fachwort für „abziehen“ ist …
8. Bruchteile mit dem Nenner 4 in der Bruchschreibweise heißen …
9. Der kleinste Wert einer Datenreihe ist das …
10. Die Zahl 108 nennt man ... von 109.
11. Daten werden im… anschaulich dargestellt.
12. Geld hat die Einheiten Euro und …
13. Beim Bruch steht zwischen dem Zähler und dem Nenner ein …
14. Zwei Geraden, die einen rechten Winkel bilden, sind … zueinander.
15. Große Gewichte haben die Einheit …
16. Ein … hat zehn Zentimeter.

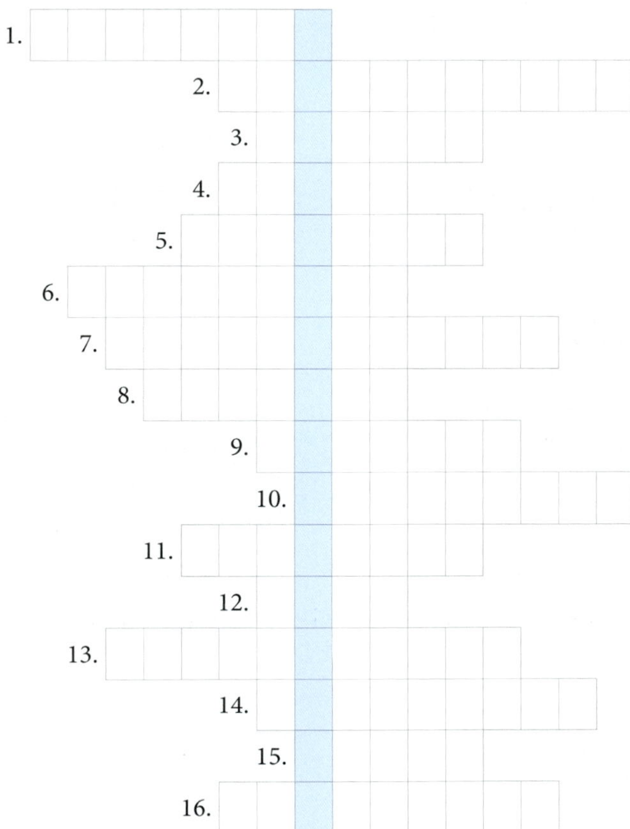